人生感悟

颜昌荣 著

中国文联出版社

图书在版编目（CIP）数据

人生感悟 / 颜昌荣著 . -- 北京：中国文联出版社，
2017.3（2024.6 重印）

ISBN 978 - 7 - 5190 - 2617 - 2

Ⅰ.①人… Ⅱ.①颜… Ⅲ.①人生哲学—通俗读物
Ⅳ.①B821 - 49

中国版本图书馆 CIP 数据核字（2017）第 056426 号

著　　者　颜昌荣
责任编辑　郭　锋
责任校对　赵海霞
装帧设计　中联华文

出版发行　中国文联出版社有限公司
地　　址　北京市朝阳区农展馆南里 10 号　　　　邮编　100125
电　　话　010 - 85923025（发行部）　　　　85923091（总编室）
经　　销　全国新华书店等
印　　刷　三河市华东印刷有限公司

开　　本　710 毫米×1000 毫米　　1/16
印　　张　16
字　　数　220 千字
版　　次　2024 年 6 月第 1 版第 2 次印刷
定　　价　75.00 元

序

　　我与颜昌荣同志是十分熟悉的战友。20世纪七八十年代，我们曾经同在著名的"襄阳特功团"一起工作多年。后来，即使我们各自的工作岗位多次变动，还始终保持着联系。在我的印象中，昌荣同志不论在部队还是转业到地方，在各个岗位上都能创造性地开展工作，是一位信念坚定、工作积极、创新务实的优秀干部。

　　昌荣同志于2008年11月退休后，依然保持着多年工作养成的良好习惯，关注社会现实，勤于学习思考，笔耕不辍，著述颇丰。继2013年8月《岁月回眸》一书出版后，他又耗时三年，联系自身工作、学习、生活的实践，带着问题认真思索，结合思考潜心写作，于最近完成了他的新作《人生感悟》。今年5月，我去海安看望老战友时，昌荣同志与我说，他正在写作整理《人生感悟》一书，后来又把写的文章用微信陆续发来给我，并要我为他的这本新书作序，言辞恳切，情真意长，我欣然答应写几句感受。

　　读了昌荣同志的《人生感悟》，我首先感受到的，是他的一颗赤子之心。昌荣同志并不是为写书而写书，也不求出名博彩。他曾经坦言："我写《人生感悟》，是要把自己人生经历中的所见所闻、所思所想整理出来让大家分享，把自己的成功与失败、得到与失去、正确与错误等心得体会总结出来，供大家借鉴参考。"我以为，在当今强调践行社会主义核心价值观的大背景下，昌荣同志的《人生感悟》，彰显了一个党员干部所应具有的强烈社会责任感和良好的思想品德。

　　言为心声。据我所知，时下围绕"人生感悟"做文章的人很多，心态不同，意境不同，给人的体验、感觉也势必不同。那么，写好"人生感悟"靠什么？其关键在于言行一致，表里如一，说真话，说心里话。具有丰富实践和人格魅力的人所写出的文章，才有说服力和影响力。通读《人生感悟》，我深切地体会到，昌荣同志做到了这些，他是用心写"人生感悟"的，入情入理，循循善诱，不乏真知灼见，绝无矫揉造作、无病呻吟之态。显然，这样的"人生感悟"洋溢着积极向上的精气神，传递着满满的正能量，真实可信，难能可贵，认真读来会给人以不少启发。

　　昌荣同志信念坚定，敢于负责，性情耿直，待人真诚，严以律己，公道正派，凭着自己的不懈努力，逐步走上领导岗位。他深谙职场拼搏的艰难和不易，感恩领导和同事们的关心帮助，尤其是长期从事政治思想工作，对如何树立正确的世界观、人生观和价值观自有独到见解。他在《人生感悟》中，回顾个人成长经历，展示自己的心路历程，畅谈人生理念，总结人生感悟，提炼人生箴言，字里行间无不蕴含着丰富的人生哲理。可以说，这本 10 多万字的《人生感悟》，既是昌荣同志人生经验的精心总结，更是他无悔人生的真实写照，相信一定能给人们特别是年轻一代以有益的启迪。

好书、好文章是应当被赞赏的。尽管昌荣同志的《人生感悟》难免有这样那样的一些不足，但"瑕不掩瑜"我由衷地为昌荣同志的《人生感悟》点赞，并期盼这本《人生感悟》能受到广大读者的欢迎，并产生良好的社会效益。

潘瑞吉

2016 年 8 月于南京

（作者为原沈阳军区副政委、中将、第十一届全国政协委员）

自　序

　　顾名思义，所谓"人生感悟"，大致是一个人在人生经历中的感想与领悟，是接触外部事物时所产生的一些看法，也可以说是对如何处理人情世故的一些体会。

　　我以为，只要是有思维能力的人，都可以写《人生感悟》。现如今，也确实有不少作家、官员等写过"人生感悟"。诚然，由于各人的人生阅历、成长环境、知识禀赋的不同，写出的"人生感悟"，应该也是不尽相同的。那么，像我这样一个从偏僻乡村走出来、当过10多年兵、转业后在政府机关任职，如今再回到普通老百姓的人，以亲身经历写"人生感悟"，能否得到一定人群的欢迎呢？我对此不敢妄加推测。其实，像我这样经历的人，写"人生感悟"可能还是不多见的。

　　人一生所经历的时间，说长也就是三万多天，说短就不好预测了。我出生于1948年9月，在近70年的悠长岁月里，工作学习，耳闻目睹，自然有许多的感悟。2008年11月退休后，我把自己的经历做了简要回顾，于2013年8月出版了一本《岁月回眸》，记录了从青少年时期到退休时的主要经历，也算是向曾经培养教育、关心帮助过我的各级首长（领导）、战友、同事、至爱亲朋做了一个简要汇报。当时，想过要把"人生感悟"的内容写进去，但觉得还不太成熟，也就作罢。最近这几年，不工作了，时间充裕了，对一些事物的感悟逐渐多了一些头绪，通过不断观察思考与分析整理，我感到是写《人生感悟》的时候了，而且写起来也会更符合实际。

我写《人生感悟》的基本原则是：坚持以自己的亲身经历为依据，以真实、客观、原创、思辨为准绳，做到率真地回顾过去，客观地看待现在，坦荡地面对未来。

我的《人生感悟》，主要是把我人生经历中的所见所闻，所思所想整理出来呈现给大家，把我人生的成功与失败、得到与失去、正确与错误等收获体会总结出来与大家分享，供各位读者朋友在走好人生之路上借鉴参考。

我写《人生感悟》的基本条件，大致有以下几个方面：第一，我出生在解放前夕，基本与共和国同龄，我记事、懂事比较早，经历的岗位比较多，接触方方面面的人和事也比较多，有内容可写。第二，我是经受过多种考验过来的，少年时期家庭特别困难，经历过苦难的日子；青年时期参军入伍，在部队服役18年，经受了许多锻炼；转业到地方后，改革开放，商品经济，各种形式的诱惑，对我们都是严峻的考验。把这些内容写出来，是能引起共鸣的。第三，党中央高擎反腐大旗，老虎、苍蝇一起打，我作为受党培养教育多年的干部，在商品经济的浪潮中没有被淹没，把住了廉洁自律的关口，这样的感悟，也可算是向党和人民交一份廉洁自律的答卷吧。第四，怎样做人、识人、待人，这是每个人终身都需要学习研究的课题。随着年龄增大，我觉得有责任把这方面的感悟写好，也不愧为做长辈的应尽之责。第五，当今社会确实有些人对现实不满，对党和政府有意见，我把自己的感想写出来供大家探讨，或许有助于大家客观、辩证地看待现实生活中出现的若干问题；第六，怎样才算是比较完美的人生，我愿意把自己这方面的感悟写出来，供退休的朋友，尤其是从领导岗位上退下来的朋友参考，与大家一起过好晚年生活。

　　总之，我的这些粗浅感想和领悟，虽然零零碎碎，也有可能词不达意，但我自以为捧出的是一颗赤诚之心。如果对各位读者朋友们有一点帮助和启发的话，我就感到心满意足了。

　　是为序。

颜昌荣

2015 年 8 月 6 日

乐在传播正能量

——读颜昌荣《人生感悟》

近日，十分高兴地读到颜昌荣同志的新作《人生感悟》。我们的老首长、原沈阳军区副政委潘瑞吉将军特地为该书作序并题写书名。这在年末岁初的战友聚会中一时被传为佳话，引发广泛好评。

颜昌荣同志是我的好兄长、好战友。读罢昌荣兄的《人生感悟》，我不免感慨系之。昌荣兄年近古稀，依然壮心不已，乐在传播正能量，呕心沥血，笔耕三载，写就十余万字的《人生感悟》。我以为，就这样一种精神本身而言，也足以让人们深受感动。那么，在《人生感悟》的字里行间，昌荣兄给我们讲述了怎样的"感悟"呢？

其一，弘扬正能量的"感悟"。正能量是寻找人生意义的基石。在《人生感悟》中，昌荣兄结合自身实际，围绕如何走好人生之路这一重要命题，畅谈人情世故，诠释做人做事，解读人生理念，剖析人生得失，深入浅出，娓娓道来。他的"感悟"，讲理想，讲大局，讲正气，无不蕴含着满满的正能量，读后确实能给人以教育、激励和启迪。

其二，彰显责任感的"感悟"。昌荣兄早年投笔从戎，后从部队转业到地方从政，长期担任基层领导职务，对加强思想教育工作颇有心得，积累了丰富经验。对近年来社会上思想道德滑坡的种种现象，他深感忧虑和不安，希望把自己的所思所悟总结出来供大家参考。昌荣兄的"感悟"，以传播正能量为己任，充分显现了一个党员干部强烈的责任担当。

其三，勇于说真话的"感悟"。传播正能量是需要勇气的。在《人生感悟》中，昌荣兄没有回避当前难以让人乐观的某些社会现象，但也没有简单地妄加评论，而是坚持说真话，客观分析，实事求是。对于自己曾在官场受到的一些不公正待遇，他没有借此"发牢骚"，而是提出了"希望一视同仁对待干部，不要任人唯亲，不要让老实人吃亏"的中肯建议。这样的"感悟"，体现了真情实感，具有较强的感染力和说服力。

其四，以身作表率的"感悟"。通读《人生感悟》，我深切体悟了昌荣兄以身作则、言行一致的人生态度。他的"感悟"，既没有自以为是的说教，也没有不切实际的高调，更没有说一套做一套的伪善。"在军旅""在官场""在社会"等章节中，昌荣兄突出强调"从我做起"，坚持现身说法，坚持身教重于言教，坚持把真理的力量与人格的力量统一起来，这些都在一定程度上增强了《人生感悟》的可信度和可读性。

其五，无悔人生路的"感悟"。昌荣兄出身贫寒，自幼勤奋，凭着自己的刻苦和努力，逐步走上基层领导岗位。数十年间，他信念坚定，严以律己，为人坦诚，廉洁奉公，始终一身正气，从不随波逐流，常怀感恩之心，兢兢业业工作，书写了无悔人生的精彩篇章。他的成长经历以及"感悟"，具有普遍的示范作用，或许能让很多人特别是年轻人从中读出"人生意义"的真谛，寻找到"人生价值"的正确答案。

毛泽东同志曾讲过"人是需要有一点精神的"当前，我国正处于社会转型的重要时期。社会需要正能量，由此方能匡扶正义，凝聚人心，传承中华民族的传统美德，践行社会主义核心价值观，推进实现中华民族伟大复兴的中国梦。从这个意义上说，以传播和弘扬正能量为宗旨，昌荣兄《人生感悟》的出版问世，可谓正逢其时。

据说，如今写"人生感悟"的人很多。相比之下，昌荣兄也许不是写得最好的，不同的人对该书的认可难免有所不同。但是，昌荣兄的《人生感悟》绝不会让广大读者失望，必能产生良好的社会反响。我对此深信不疑，并由衷地期待昌荣兄为传播正能量、构建和谐社会继续发光散热，不断做出应有贡献。

张永林

2016 年 12 月 10 日

（作者为上海东浩新贸易有限公司原党委书记，现已退休）

活出人生精彩

——颜昌荣《人生感悟》读后

颜昌荣先生出版新作《人生感悟》，嘱我写点感想，情谊笃厚，难以推辞。

我和昌荣先生相知相交半个世纪，他长我四岁，是我的兄长，更是我人生的榜样。42年前，他在南京军区第十二军驻安徽滁州某部政治机关工作，我在扬州师范学院读书时去滁州某部学军。某个周日，我慕名从南营房到东营房拜望我心目中的年轻军官。当晚，他特地为我开了"小灶"，香喷喷的大蒜炒肉丝，热乎乎的番茄鸡蛋汤，"葡萄美酒夜光杯"，十分真诚一片情。深夜，我要告辞，他放心不下，执意送我，他借了一辆自行车，一直把我送回营地。自那时起，我从兄长的身上读到了军人形象的伟岸和崇高。数十年来，他总是这样，把方便和温暖送给别人，力求做最好的自己。

昌荣先生在军旅、官场、职场打拼过数十载春秋，奋斗过，奉献过，也辉煌过。离岗退职之后做些什么？很多老年朋友选择的是一息尚存，进取不已，做有益之事；不忘初心，老有所为，做开心之事。颜昌荣先生便是这样的一位。

昌荣先生年近古稀，雄心依然，沉潜著述，"老树春深更着花"，用激情、镜头和键盘绽放着人生的第二个春天。继 2013 年出版自传《岁月回眸》之后，历时三年，"键"耕不辍，他的新作一由人生导师潘瑞吉将军作序的《人生感悟》与读者见面，值得点赞！

当下，书店里，网络上关于理想、励志人生思考的著述汗牛充栋，有论者直接把著名文化学者于丹的《论语心得》贬之为"心灵鸡汤"，认为这些东西对纯净世风和职场无补。笔者深不以为然。在市场竞争空前剧烈的大环境中，需要硬实力、大数据和"秀肌肉"，好像道德、理想、信仰可以被忽略，其实大谬。一个没有梦想和灵魂的民族是没有希望的，同此，一个人只有强健的躯干而无坚定的信念，拥有酒醉金迷的生活，而不讲"三德""三观"的人注定不能行稳致远。人们似乎总在慨叹，现实生活物质化了，功利化了，很多负面或不健康的现象触目惊心，信仰缺位，诚信缺失，道德缺乏。然而邪不压正。近年来，党中央大力度倡导并强化社会主义核心价值观教育，惩贪肃纪，立规立矩，重树国魂，此乃治国之本。从这个意义上说，昌荣同志的《人生感悟》不仅是道德、理想、信念自我完善，自我升华的智慧结晶，更是用亲身感受、生活历练践行核心价值观的人生宝典。《人生感悟》在个人修为、青年追梦、军营成长、立言立品、人脉建构和创业谋职等诸多方面的阐述都能让你得到教益。

著述者从军、从政 40 多年，经历丰富，阅历颇深。在部队、民政、基层政府、工商等多领域长期做育人树人、政治思想、经济建设、行政管理工作，积累了相当成熟的人生心得，知行合一，率先垂范，堪为标杆。

他很勤奋。事必躬亲，亲历亲为。重要讲稿的起草，即席讲话的准备，从不需秘书"代笔"。

他很爽直。网名"真直"，说实话，走正道，讲真理。襟怀坦白，直面矛盾和棘手难题，敢于亮剑，眼睛里容不得沙子。好办的事不拐弯抹角，难办到的事不留面子。宁可少一点选票，决不让事业受损。

他很睿智。报告、讲话、著作，有内容，有干货。思维清晰，铿锵激昂，概括稳当，口吐莲花，有位继任的工商局负责人说，就是喜欢听颜局的报告。

他很守正。骨子里流淌着军人的血液。"其身正，不令而行"，为官清正、敬畏法纪、乐善好施，守规矩，走正步。宏观守底线，微观讲严谨。

他很前卫。追赶潮流，与时俱进，对键盘写作，微博微信，网上链接，影像拍摄制作十分娴熟，可与年轻人比肩。

《岁月回眸》和《人生感悟》如同姐妹之花，珠联璧合，文意互通，相映成辉。前作侧重于人生经历，长于情景交融。此作偏重于人生经验，不乏真知灼见。

当然，"瓜无滚圆"。文章著述难免百密一疏或是曲高和寡。读者诸君不妨见仁见智。"开卷有益"，相信你读了昌荣先生的《人生感悟》后，一定会大大提升人生的品位和格局。

刘长虹

2016 年 12 月 8 日

（作者为海安日报社原副总编、海安广电局副局长）

CONTENTS

人 生 感 悟 目录

第一章 我的人生观

第二章　我的人生路

第三章　我的人生感悟

第四章　我的人生箴言

第一章　我的人生观

人生观是人们对人生的根本态度和基本看法，包括对人生的价值、人生的意义、人生的目的、人生的生存的一些分析、判断以及结论。由于对这些问题的看法不同，做法就会不同，做法不同就会产生不同的人生观，不同的人生观就有不同的人生信念、不同的人生理想、不同的人生目的、不同的人生追求，而不同的人生观势必产生不同的人生结果。

由于人生观的不同，对人活在这个世界上，什么是荣辱，什么才算是幸福，什么才算是快乐，什么才算是活得有价值，等等，都是大不一样的。在现实社会中，为什么有那么多英雄模范人物，为什么有那么多无私奉献的人，为什么有那么多慈善家；又为什么会出现那么多犯罪分子，为什么有那么多腐败分子；为什么有的人生活条件很好却不能长寿，为什么有的人家境一般却能活得有滋有味、幸福快乐？我认为，这都与人生观密切相关。

据说，有不少普通百姓都喜欢这样两句话，叫作"白天哈哈笑，晚上睡好觉"。这两句话很通俗，十分朴实，非常简单，但就是这十个字，清晰概括了许多普通老百姓的人生观。我以为，持这种人生观的人一般都能做到"知足、淡定、乐观，无忧、无虑、无愁"。

第一节　人生意义

人生的意义到底是什么？有的人说，人生要有意义，就要干出一番惊天动地的大事业，方可称得上辉煌的人生，这才算得上有意义；有的人说，人生要有意义，就要吃喝玩乐，这才算得上有意义；还有的人说，普通人的人生没有什么意义可谈，就是活一天算一天，一切顺其自然，在平淡的生活中度过一生。我感到，人生的意义在于认识自己，完善自己，活出自己，做一个对社会有所贡献，有尊严的人，才算得上有意义。而要实现这样的人生，首先人品要正直，因为正直的人生才是有价值的人生。正直做人，可以得到人们的认可和尊重，但金钱只能得到奉承，却得不到尊严。

为人正直是我做人的准则。因此，我在注册 QQ、新浪网名时，首先想到的是使用"正直"二字，谁知已经有人注册了，那我只好使用"真直"了，且加了"有报"二字，注册了一个"真直有报"的网名。我觉得，一个人如果做人不正直，不直率，会遭到唾弃的。做一个真正正直的人，才会天地宽，容万物，没包袱，常乐观。因此，我在日常工作以及与人交往中，一路走来，坚持努力做到说实话、走正道、讲真理，绝不搞歪门邪道。这是我为人做事的基本原则。因为，只有坚持正直做人做事，才能让别人信任你，才能赢得大家的认可。

俗话说，人生如梦，转眼就是百年。曾经有人以"人生如梦"为题写了一首打油诗："人生如梦一场梦，美梦噩梦在梦中。倘若如梦无所求，终身梦境一场空。我要说，既然是人生如梦，那好，那我们就得争取做一场好梦，那就是："年富力强做美梦，轰轰烈烈梦境中。梦幻美妙成大业，人生价值定无穷。"我感到，这样的人生才有意义。

自然，人生的意义是因人而异的。但就总体而言，如果一个人一生中什么像样的事都没做，只知道吃穿度日，那就谈不上什么意义。一个人的能力有大小，只要尽力做些有益于人民的事，也就是有意义了。人与动物的根本区别就在于有思维，有思维就要考虑问题。一般说来，有正确的思维方式、能全面考虑问题的人，他的人生都是有意义的。每个人都知道，人活在这个世界上，大多数人也就几十年，在这几十年中，如不干点有意义的事，那真是虚度年华，那真是一点意义都没有。我认为，既然人生如梦，那就要做一个好梦，尤其是年轻人，一定要有梦想，人生的意义就在于早思考、早实践、早成就一番事业，这就是我们要做的人生梦。与其饱食终日，无所用心，碌碌无为，得过且过，还不如轰轰烈烈，放开手脚，努力拼搏干一场，过得潇洒愉快、高尚脱俗一点。做一个有益于社会、有益于人民的人，做一个关心他人比关心自己为重的人，做一个有所作为、有所贡献的人，这才是人生意义之所在。

说到人生意义，不得不涉及人生的价值问题。那么，什么是人生的价值呢？人生的价值，是指一个人的人生实践活动在多大程度上满足了个人和社会的需要。一个人的价值，不在于他取得什么，而在于他贡献什么。很多人尽管不是一个成功的人，但可以成为一个有价值的人。

要实现人生的价值可不是那么容易的事，因为人在这几十年的人生道路上，面对许多人和事，需要你去面对、处理和把握，能把一系列人和事处理得恰到好处，这是很不容易的。

人的一生，说到底就是处理好四个字"人情世故"。所谓"人情世故"，就是要懂得为人处世的方式方法。当今社会，很多人都觉得人难做、做人难。面对许多"人情世故"，我们是否能处理得恰到好处，这就要看每个人为人处世方面有没有一定的经验了。现在，有不少人不能融入社会，不能与人相处，不懂得怎样做人。一个不懂得首先把人做好的人，那就很难成就一番事业，最终是要失败的。南通化轻公司总经理骆德龙，原是我在部队时的老领导，转业后成为一名"金牌企业家"，他在总结自己事业成就时就明确提出："所谓做人，我的原则就是四个字：厚道、诚实。"他曾经写过一篇文章，专门论述如何做人、做事、做企业，用自己的经历验证了人们常说的一句话，那就是要"先做人后做事"。

回顾我自己几十年来的人生道路，我深深感悟到：如何少走弯路，实现人生价值，首先要学会做人。在现实生活中，认真观察各方面人士成功与失败的经验教训，并注意总结和扬长避短，处理好方方面面的人际关系，做一个对社会有用的人，才是有意义的人生。

第二节　人生道路

道路决定命运。一个国家、一个民族是这样，一个人也同样是这样，你走什么样的路，就有什么样的命运。

很多人在童年时期就有许多美好的向往，打算长大后上名牌大学，当一名科学家、工程师、医生、企业家等，有房、有车、有幸福美满的家庭……这些向往都是很正常的。可是，有的人一旦走上社会，却往往不能如愿以偿，到处碰壁。也有的人刚开始一帆风顺，到后来却走了弯路，甚至摔了大跟头。高官沦为贪官落马的，经营不善而企业破产的，演艺明星吸毒被抓的，一些接受过高等教育的学子居然杀害他人、自杀跳楼的，等等，这些让人深感遗憾的人和事屡见不鲜，是什么原因呢？难道是命该如此吗？我的回答：绝对不是。究其根本，就是人生之路没有选好，或开始选好了却最终没有走好，根本不是什么命该如此、命中注定。

人世间有很多条道路，有宽阔平坦的康庄大道，有崎岖不平的羊肠小道，人生有上坡路，也有下坡路。就看每个人选择走什么路，怎么走好路。鲁迅讲过，世界上本来没有路，走的人多了，就成了路。从某种意义上讲，人生的基本问题就是选什么路，怎么走好路的问题。人生之路是自己走出来的，人生的价值是自己创造出来的，人生的命运是自己运作起来的。人生之路一旦选好，就要勇往直前。人生之路的荆棘再多，路再难走，我们也要有百折不挠的毅力走下去。这是因为，人生之路是没有回程票可买的，一旦迈出就得坚持走下去。在人生道路上，往往是机遇与挑战同在，成功与失败并存。我们在人生道路上必须以顽强的毅力追求成功，不惧怕困难，实现人生的目标。

现在，有许多年轻人讲自己的命运怎么不好，说什么生不逢时，工作难找，事业难创，竞争激烈，等等。请问，哪一代人没有这样那样的困难？应该说，比起我们祖辈父辈，现在的条件好多了，可不要埋怨这埋怨那啊！要说命运问题，在这里，我们不妨对命运怎么理解做些探讨。所谓命运，我觉得，从字面上讲，"命"是爹妈给的，是任何人都无法选择的，而"运"就不一样了，这"运"要靠自己的运作，这运作可大有学问了。这"运"字从某种意义上讲，首先是选什么路、路怎样走好的问题。大家一定知道这样一句话，那就是"思路决定出路"。思路是一个人的大脑反复考虑后做出的决定。思路实际上就是靠思维产生的。

在现今社会里，很多人都熟悉"四牌"的说法，即"学位是铜牌，能力是银牌，人脉是金牌，思维才是王牌"。这"四牌"说的是第四张牌最重要，也就是说，要走好人生之路，不能没有正确的"思维"这张王牌。诚然，其他三张牌不等于不重要。就拿学历"铜牌"来说吧，学位是基础知识，是进入社会的"门票"，是做好工作的资本，没有扎实的基础知识，要想成就一番事业是困难的，但这不是绝对的。现在，有很多企业家是没有学位的，但企业同样做得很好。在学校成绩第一名的学生，最终不如在学校成绩倒数第一名的学生走上社会管用的事实也不少见。再说"银牌"能力问题，正因为能力是重要的，所以，我们把它视为"银牌"，可是，我们在选人、用人时可不能把能力看得过重，首先还是要看这个人的人品，看这个人是否正直善良，如果这个人不正直善良，那么，再强的能力对个人也没有好处，反而对你很不利。第三是"金牌"人脉问题，说到人脉，这在过去是很少提及的话题，而在当今中国社会对人脉关系尤其看重，凡是在社会上有头有脸的人都重视人脉资源的建立和运用。可真正懂得人脉的人是不多见的，有些人自称人脉关系很好，手机里存放着几百个电话号码，认为是自己的人脉关系，看似金钱飘红，其实虚假繁荣。我感悟到：人脉一定是要建立在真正感情基础之上的人脉，人脉不是想得到别人的好处，而是别人发自内心地愿意帮你，才说明你人脉好；人脉不是靠自己的小聪明去利用别人，而是你曾经为别人付出了许多，别人会感恩，一旦你有了困难，别人不会把你忘记；人脉不是当着你的面嘴巴上讲你好、赞扬你，而是有不少人在你背后赞扬你；人脉不是靠一时一事就能建立起来的，而是靠长期的修炼才能积累起来的；人脉是以诚信为基础的，有共同的志向、相同的兴趣爱好，才能谈到一块去。人脉勉强不得，如果没有许多共同点是很难走到一处的。一般来说，人家是不会随意向你抛出友谊橄榄枝的。人脉关系要靠自身的人品、水平、实力等条件才能建立、巩固起来，虚无缥缈是建立不了真正的、长期的人脉关系的。当然，良好的人脉关系，真正的友谊，是不是一定要凭实力为基础呢？那也不一定，因为友谊是在特定条件下、经历了各种考验而建立起来的，比如说，战友情就是在部队艰苦条件下、通过相互关心帮助而成就的。功利性社交一定是以实力为基础的，不可有其他妄想。我们只有对人脉这块"金牌"有了真正的认识，才能把这块"金牌"建立好，运用好，否则，你的人脉"金牌"就算不上金牌。第四张是"王牌"，人的思维是"王牌"，我感到所学知识的应用靠思维，能力的发挥靠思维，人脉关系的建立运用靠思维，思路靠思维，成败得失都是由于思维而产生的。一个人的思路不清，请问还能办成什么事？由此可见，把思维看作"王牌"是有道理的。从"四牌"的重要性和相互辩证关系看，我们会认识到，一个人的命运不是天生的，而是后天运作的，是靠学位、能力、人脉、思维决定的。

　　总而言之，谁都想走好人生之路，在事业上少走弯路。那么，关键是怎么才能实现走好人生之路呢？大家都知道，人生要走很多路，但我觉得人生之路关键的就是"几步"；人生要办很多事，但关键的事就是"几件"。我小时，从城里下乡，我家算是特困户，上学的书本费靠捡萝卜种、剥棉花秆子皮卖点钱。我深知学习的重要性，在部队有了到院校学习的机会，就请求领导批准我参加学习，增长知识。我感悟到：这是我人生一步关键的路。

据我了解，有的年轻人没工作几年，就跳槽好几个单位，有的自己创业，搞得倾家荡产。坦率说，我并不一味反对跳槽，跳槽也很正常，工作不适合自己，换个单位无可非议。我更不反对创业，万众创业是当今社会的潮流，我对年轻人的创业是持肯定和鼓励态度的。同时，我还认为，谁也不敢绝对保证创业一帆风顺。我只是说，现在的年轻人刚走上社会，找工作也好，创业也好，一定要迈好第一步。要学会问路、探路、选路，绝不能不问青红皂白，盲目地上路，有时，一步错步步错，导致后悔莫及。当然，也有很多人刚开始的路走得很好，可后来走了很多弯路，甚至走错了路，特别是当今社会，有的政府官员人生道路本来走得好好的，可他（她）贪污腐败，走上了犯罪的道路。究其原因是多方面的，在这里我不做更多剖析，在第三章第二节"在官场"中再谈自己的看法。

这里，我想说说大学生毕业之后的人生之路。大学生毕业时，这是人生转折的关键时刻，大学生如何走好人生之路是需要深思熟虑的。有的想考研，有的想创业，有的想先打工而后再创业，有的到边疆、到艰苦的地方去锻炼，还有的到农村去当村官，等等。我认为，选哪条路，要根据自己的实际情况而定，一旦确定下来，就要下决心走好，不管走哪条路，都会实现人生的价值，都会干出一番有意义、有价值的事业来。

关于人生选择走什么路的问题，我想谈以下几点看法。

第一，在选择道路之前要有充分的思想准备，一旦迈出了这一步，没有特殊情况一般不要轻易放弃，不管走什么路，都会有风险，有困难、有挫折是很正常的。

第二，要根据自己的实际情况，比如，根据你所学的专业、你的兴趣爱好、你的家庭经济条件、你的人脉关系等因素来综合考虑。在这诸多因素中，哪一个因素最重要呢？

据说，2001 年 5 月，美国内华达州的麦迪逊中学入学考试时，出了这么一道题目："比尔·盖茨的办公桌上有五只带锁的抽屉，分别贴着财富、兴趣、幸福、荣誉、成功5个标签，盖茨总是带着一把钥匙，而把其他4把钥匙锁在抽屉里。请问盖茨带的是哪一把钥匙？4把钥匙锁在哪一只或哪几只抽屉里？"一位中国学生恰巧赶上这场考试，他慌了手脚，不知如何答题，时间到了却没来得及答题，交了白卷。这道9分题阅卷老师给了他5分。因为这是一道智能题，没有标准答案，阅卷老师认为他诚实，应该给他一半以上的分。可是，一位回答是财富的同学只得了1分。后来，得5分的学生把这道题通过电子邮件发到国内，说自己已经知道盖茨带的是哪一把钥匙，凡是回答这把钥匙的都得到了这位大富豪的赞赏，愿意测试一下自己的说不定会从中得到一些启示。据说有同学发邮件给盖茨询问标准答案，盖茨回函写着这样一句话："在你最感兴趣的事物上，隐藏着人生的秘密。"我感悟到：凡是做自己感兴趣的事就觉得愉快、幸福，而这种愉快、幸福会给人带来持久的热情和力量。我女儿的大学专业是我帮助选择的，当时认为随着社会的进步、发展，旅游业是不错的，可是，她毕业后对从事这项工作不感兴趣。她从2008年2月开始，重新学习她喜欢的财务专业，用三年时间拿到了硕士学位和注册会计师职称。一次性通过笔试面试，到全球最大的财务事务公司之一的单位任职。女儿的学习、工作没有要我们父母操一点心，我感悟到：一个人的兴趣爱好能发挥出预想不到的潜能。

第三，选择别人没有想到的，有较好发展前景的，你自己和团队能够走好的路。

第四，选择走哪条路要分析天时、地利、人和三方面情况，这三条对你来说，特别是刚上路的人是至关重要的。

第五，选择走什么样的路，要循序渐进，逐步发展，不要异想天开，要懂得"摸着石头过河"的道理。

第三节　人生目标

　　要想走好人生之路，就必须把人生目标制定好。人生的目标，分为近期目标、中期目标、远期目标。换句话说，就是人生各年龄段的理想。要把自己想办成的事，规划成各个阶段的具体目标，近期目标实现了，再向中期目标努力奋斗，这样，才能一步一个脚印，逐步实现远期目标。在某种意义上，成功就是目标的实现，长期目标实现了，就是人生的成功者。人生目标的实现与人生成功是紧密联系在一起的。

　　为什么要制定人生目标？因为前两节谈到了人生意义和人生之路，说到了人的一生要活得有意义，走什么路，路怎么走的问题，最终能否得到社会的承认，能否体现人生的价值，经得起历史的检验，经得起各方面对你的评说，这就要看你的一生做了些什么，做得怎样，有没有做一些实实在在的、有益于社会和人民的事。如果有，这就是实现了人生目标。所以说，我们每个人都要制定自己的人生目标。

　　一个人确立清晰而又长远的目标，这是做一个有价值的人最基本的理念。要实现人生价值，有目标还远远不够，当然还需要具备多方面的条件，因为现实生活中，有很多因素制约着目标的实现。所以，能真正实现目标的人是很不容易的，占人群的百分比是很小的，不少的人很难实现自己制定的目标。为啥不能实现制定的目标呢？我感悟到：除智力、学历、能力、毅力等因素外，还有社会环境、家庭背景、身体条件等因素的制约。因此说，真正的成功者是很不容易的。

我们首先不妨分析一下，现实生活中因为人生目标的制定问题而导致人生难以成功的原因。

一是有些人根本就没有目标。很多人因为家庭出身、接受教育的程度、周围环境的影响等，只能随遇而安，平平淡淡地过日子。尤其是出生在农村的孩子，其父母一年到头基本上是日出而作，日落而归，整天为生计而辛苦奔波，一般是不会教孩子制定人生目标的，孩子也只能听天由命。再说，现实生活中，不少孩子懂事比较晚，不知道制定目标的重要性。还有，当今社会，有的年轻人比较浮躁，只知道吃喝玩乐，哪里还能制定人生目标。

二是有些人虽然有目标，但只是一个糊涂的目标，如何将目标分解细化，如何创造条件向目标奋进，如何在向目标践行中化解难题，等等，缺少清晰的思路、举措和坚强的毅力。

三是有些人只有短期目标，没有长期的目标。一个人如果既有短期目标，又有清晰的长期目标，这样的人才算是有目标的人。如果只有短期目标，没有长期的目标，那会成为鼠目寸光的人。

四是有些人只有长期目标，但没有具体的短期、中期目标，这样的人只能是好高骛远，这样的目标是不切实际的。

综上所述，人生不仅要有目标，而且要有长期、中期、短期目标。也可以这样说，人生在制定了长期目标的基础上，要拿出具体的规划或计划来向目标前行。因为目标是规划、计划的结果，规划、计划是实现目标的实施方案。我感悟到：人生有了目标，又能积极地创造条件围绕目标奋斗，这样的人生之路一般会走得比较好。

关于人生目标的作用，我认为：

第一，目标会使人明确前进的方向。没有目标就没有方向，大到一个国家，小到一个家庭、一个单位和一个人，确定了目标才能有努力的方向，否则，就会盲目地干。以习近平同志为核心的党中央确立了"两个一百年"的奋斗目标，使全国人民有了明确的前进方向。

第二，目标会使人科学安排时间。目标确定之后，接下来就要科学安排时间，把为实现目标需要落实的工作进行分解，完成各个阶段具体的工作任务。

第三，目标会使人精神饱满，精力充沛，斗志昂扬。一个人确定了奋斗目标，就会有一股使不完的劲。

第四，目标会使人未雨绸缪。所谓未雨绸缪，实际上就是告诉人们做任何事情都要做到防患于未然。确定了工作目标之后，还要预测会有哪些风险，会出现什么问题，并针对这些问题采取有效举措，把问题解决在萌芽状态，这就是防患于未然。

第五，目标会使人每走一步都有成就感。目标确定之后，每走一步取得一定的成绩就感到向目标迈进了一步，就有成就感。工作过程中，遇到这样那样的问题和困难，我们想方设法妥善加以解决了，也会有成就感。当然，还要不断地告诫自己，每走一步只是万里长征的一小步，必须谦虚谨慎，戒骄戒躁。千万不能忘乎所以。

第六，目标会使人增添对事业的激情。一个人一旦制定了目标就会下定决心把自己制定的目标实现，满怀激情向目标努力。既然有目标，又有决心和毅力，一般说来就会实现目标。

第七，目标会使人生出彩。有了目标，就有了原动力，自己制定的目标，一般说来，会使人有锲而不舍的精神向着目标努力奋斗。现在有很多年轻人放弃高薪不拿，走自己创业的道路，就是因为自己制定了目标，他的人生出彩了。

实现人生目标，需要克服许多困难，需要坚忍不拔的顽强毅力。不少人之所以不能实现自己的既定目标，其原因是多方面的。在向目标前进的过程中，总会遇到这样那样的困难，或者说会遇到艰难险阻，遇到诸多瓶颈，遇到坎坷难关，很多人在难以逾越的鸿沟面前会选择放弃，这是常见的现象。有的人在向目标奋斗时，往往不能坚持到最后的胜利，其中，有的在向目标前进的路上，取得了成绩，缺乏谨慎，导致失败；有的在向目标迈进的征途中，由于筋疲力尽，产生厌倦情绪，导致放弃；

有的在年轻时还可以支撑，随着年龄的增长，精力不够，最终还是选择了放弃；有的在近期目标实现后，感到已经取得了一些成绩，自己宽慰自己，因为向目标奋斗，是要付出代价的，这时不少人会想，何必这样辛苦自己呢，于是也自动放弃了。可见，没有境界，没有理想，没有明确的人生观和价值观，是很难最终实现人生目标的。为此，我们一定要敬佩那些实现人生目标，并且对社会做出贡献的人。

第四节　人生选择

　　人生的奋斗目标确定之后，接下来就面临着怎么样向自己的奋斗目标迈进。在向奋斗目标迈进的路途中，有许多需要选择。我们会接触不少领导，转换不少岗位，交往不少朋友。

　　人生只有父母由不得自己选择，其他方面都是可以选择的。当然，有些选择是比较困难的，比如选择领导就比较难。不少人参加工作，走上社会，虽不能说"任人摆布"，也只能是"听天由命"罢了。在这漫长的人生岁月中，我感悟到：人生有三个方面的选择是至关重要的。

一、跟对领导

　　当你一旦走上社会，无论做什么工作，你都有领导（上级），你的第一印象最深的就是你的领导，不管你是到企业或事业单位，还是党政机关等，你会对你的领导印象特别深。我们每个人都记得比较清楚的是刚开始上学的一年级班主任是谁，如果你参军当兵，刚到部队时，你的班长是谁，如果你到企业打工，你的第一位老板是谁；如果你到党政机关工作，你的第一任领导是谁，等等，在我们人生中都将会难以磨灭。所以说领导在每个人的人生中起到关键性作用。就我自己而言，有三位领导是我终生难忘的。

第一位是我刚到部队时的排长张宏友。我参军入伍后，新兵训练结束，我被分配到特务连警卫排，张宏友时任排长（后来任团副参谋长）。张宏友给我最深的印象，是他以身作则，对几位班长都能知人善任，放手让他们开展工作，有意识地培养他们的工作能力。我感到他是一位平易近人，能关心和培养部属，颇有工作方法的领导。我参军刚几个月，他就找我谈心，要我写入党志愿书。在他的帮助教育和带领下，当年我们警卫排的战士绝大部分都入党了，后来有将近一半都提干了。他的为人，永远是我学习的榜样。

第二位是我担任警卫员时的首长张友复。我入伍一年后，连队安排我给时任十二军三十五师政委的张友复当警卫员。张友复在"文革"期间参加地方"支左"，任安庆地委书记，后任十二军副政委。我跟随张友复政委当警卫员将近两年时间，直接感受到这位首长工作作风踏实，做事严谨，有很强的大局观念和政策水平，密切联系群众；同时，他管教子女非常严格，从不迁就他们，或利用职权为子女谋求私利。这些对我的人生之路影响很大。

第三位是我当干部干事时的政治处主任潘瑞吉（后来曾任沈阳军区副政委）。潘瑞吉将军对我走好人生之路起到了关键性作用。他工作求真务实，勇于担当，严以律己，宽以待人，讲究工作方法艺术，善于处理好上下级关系。他既严格要求又能关心部属，用现在的话讲就是懂得人性化管理。我记得有一个星期天打扫卫生，因为部队有要求，废纸要烧掉，尤其是我们干部部门的废纸必须随时烧完，以防泄密。废纸烧完后，我把装废纸的纸箱放到办公室后，关了办公室门去吃中饭。谁知这纸箱带着火星在办公室着火了，幸亏被其他同志发现，设法把门打开，把着火的纸箱扑灭了，才没有酿成大祸。事发后，当时的潘主任对我提出了批评，虽然语气并不严厉，但特地提醒我以后注意，一定要很好地吸取教训。还有一件事深深地扎在我脑海里，1980年年初，他在北京解放军政治学院学习，我在南京政治学院学习，他特地写信给我，提醒我怎样珍惜在院校学习的机会。可见，这样的领导对部属是多么关心啊！

我们每个人在工作期间遇到的领导一定是难以忘记的，这些领导对我们的人生影响很大，是永远难以抹去印象的。一个人跟随自己的领导时间越长，影响也越大，因为他们的言行直接影响着我们的思维，我们的做人，乃至我们的习惯，发挥着潜移默化的作用。从某种意义上说，跟随领导时间长了，领导会影响着我们的一生。因为人受一定环境的影响、带动，人会接受教育，会不断地改变自己，一旦遇到了一位好的领导，他的很多优点会被你模仿、学习。再就是好的领导会对你关注，使你的思维、人生观、价值观、世界观都有所改变。一位好的上级，他会对你的优点给予肯定，对你的缺点也会给予中肯的指正，你遇到了这样的领导就是遇到了"伯乐"，这是人生的最大幸福。因为人世间先有伯乐，而后才有千里马。这样的"伯乐"会帮你总结好的方面，及时给你指出不足，有的还会帮你开创事业，甚至把你扶上马再送一程，这种人就是我们通常所说的贵人。遇到了贵人，我们可不能不珍惜呀！当然，我们也会有不幸，遇到一些不怎么样的领导，这就需要我们保持清醒的头脑，不能跟着学了，对这样的领导我们是不能跟他走的。

中央电视台经济频道《对话》栏目曾经做了一档节目，我观看后非常感动，特别佩服这些具有很高境界的企业领军人物。我感动的是，不仅因为这些企业家宽宏大量，全力支持曾经是自己的副手或高层管理人员创业，成为自己的竞争对手；更感动的是，这些跳槽创业者起步阶段遇到了困难，这些大企业家伸出援助之手，帮他们排忧解难，让勇于创业的人实现成功，走向辉煌。这些大企业家的境界多么值得我们赞颂！

当然，在我们人生中，也可能遇到不怎么样的领导。如果遇到的领导不是我们所想象的好领导，那我们就得尽快考虑调整岗位，否则就会影响你的前途命运。当然，在不满意的岗位上，一时难以调整，我们也绝不能自暴自弃，必须充分利用好这个平台，学习一些有用的知识，为走好自己的下一步积累知识，创造走好人生道路的条件。

二、找对岗位

一个人的能力有大小，条件各有不同，不管你文韬武略，才华横溢，足智多谋，还是草根布衣、技艺不精、智能一般，只有你能根据自己的情况找准坐标系位置，才能充分发挥自己的优势、特长。虽说三百六十行，行行出状元，这说的是每个行业都有杰出的人才，可是，这个行业适合别人，不一定就适合你。所以说，我们要选择适合自己的岗位。

要找对岗位，首先，要考虑能不能胜任，最好能发挥自己的专业特长；其次，自己觉得在这个岗位上干是否感兴趣；最后，这个岗位如果长期干下去有没有发展前途。如果这三条都不具备，那只能暂时利用这个平台，积累一些专业知识，适当提高工作能力，为今后打下基础，可以先干一段时间，也不要急于跳槽。总之，以上三条如果都不具备，早晚都得考虑调整岗位，否则，对自己的青春年华是不负责任的。问题是，在现实社会中，不可能允许我们每个人都能任意挑选自己满意的岗位，特别是党政机关，那是由不得自己挑选岗位的，只能服从组织安排，自己要尽快适应领导安排的岗位。不过，也可以主动把自己的优势报告给领导，让领导在适当的时候，帮你考虑更适合的岗位。

在谈到找对岗位这个话题的时候，能找到最适合自己的岗位当然是最理想了。如不能如愿，我们千万不能忘记中国有一句名言："是金子在哪儿都会发光。"这就是说，如果我们找不到适合自己的岗位，那我们就要面对现实，主动地尽快适应现有的岗位，努力在这个岗位上干出成效来。

三、交对朋友

人们常说，每个人都有自己的生活圈子。这生活的圈子是哪些人，一般说来是与自己相处得来的人。常言道："人以群分，物以类聚。"

意思是说，同类的东西聚在一起，人按照其品行爱好而形成团体，好人总是与好人结成朋友，不学好的人总是与不学好的人混在一起。我们看一个人，往往可以从这个人经常与哪些人交往，与哪些人交朋友，基本看出这个人的品格、素质、德才、修养、兴趣、爱好等，一个人受经常交往的人影响很大，经常交往的人在一起多了，你一方面会影响别人，另一方面，别人也会影响你。你与学问高的人常在一起，会学到许多知识；你与金融界人士在一起，会对财经比较了解；你与企业家在一起，会对如何管理、经营感兴趣；你与喜欢吃喝玩乐的人在一起，会虚度年华，到头来什么也不是。人的一生，尤其在年轻时跟谁交朋友，将决定着你一生的前途和命运；中年时与谁交朋友将决定着你的事业能否顺利，家庭能否幸福；年老时跟谁交朋友，将决定着你晚年生活质量好坏，能否健康长寿。可见，人的一生交友是多么重要。

对于交友之道，清朝曾国藩颇有见地，他曾专门总结了人际交往中的"八交、九不交"。

他讲的"八交"是：一交胜己者。从其身上学习优点，互相切磋，提高自己，结交这样的朋友，对人生大有益处。二交德胜者。心态平和，总是称赞别人，品德高尚。三交趣味者。心胸开阔，生活态度积极，和这样的人常来常往，可增加人生无限乐趣。四交肯吃亏者。凡事宁愿自己吃亏，牺牲自己的利益，交这样的君子。五交直言者。"直友难得"，能直言不讳者，往往存诚务实，患难时每每即是这样的人还在你身边。六交志趣远大者。有志向且看得远。七交惠在当厄者。在别人遇到灾难、厄运、困难时，肯伸出援助之手最为可交者。八交体谅人者。能理解、体谅、关心他人，可称谊人。

曾国藩讲的"九不交"是：一不交志不同者。因为志不同而道不合，勉强之事，必不能久。二不交善于奉承，奸得过分的人。对这些人应当避而远之。三不交恩怨颠倒，全无性情者。这种人没有人情味，今天仇人，明天知己，反复无常的人交不得。四不交不孝敬长辈，不友爱兄弟的人。五不交迂腐人。这种人顽固不化，一事不合就会轻率决裂，且引以为恨。

六不交落井下石者。别人已到难处，他还责备人家。七不交好占便宜的人。对这种人不要发生经济往来。八不交孤傲刻薄，口含怨言，德性轻薄的人。九不交忘恩负义的人。

我认为，曾国藩的"八交、九不交"，值得我们借鉴参考。

第五节　人生抉择

　　用通俗的话说，所谓抉择，就是拿主意、表态、拍板，或者说决策。在现实生活中，我们每个人都经常要遇到抉择，这是人生过程中始终难以回避的突出问题。如何抉择，关系到成功与失败，我们对抉择的重要性必须有足够的认识。

　　人生要有意义，要想有所作为，要成就一番事业，除了具备一定的知识、能力以及满腔热情、自强不息的精神，或者说还有不少优越的外部条件外，最关键的是要有想法。这个想法，用现在的话说就是梦想，想法多了就要有选择，这个想法一定要现实、真实、可靠。要把人生的路走好，就必须在有诸多想法的时候，经过反复思考，做出抉择。如果一个人没有想法，稀里糊涂，得过且过，当断不断，优柔寡断，不敢抉择，那是成就不了什么事业的。

　　我工作生涯的最后一站是县工商局。刚去报到没几天，发现局里不少人对原定建办公楼的方案有不同意见。当时我左右为难，感到要否定原抉择不是那么简单的事，但如果维持原抉择，一旦建起来，不适用，没有听取有意见的人的意见是小事，更重要的是，浪费了国家的财产是大事。对此，我抓紧时间调查研究，找中层干部一个一个的征求意见，对原抉择反复分析论证，听取相关部门领导的看法。同时，还要考虑如果一旦改变原抉择后，如何拿出新的抉择意见让大家满意，经反复思考，周密计划，把更改方案提到会议上讨论，最终抉择不但本单位全体人员很满意，而且原抉择者也认同。上级领导重新批准了我们新建办公楼的方案。我感悟到：做出一个比较好的抉择，需要做很多思考，做很多方面的工作。有些人盲目抉择，在抉择中犯些不切实际的错误。如果在人生道路上不敢、不懂抉择，这是人生道路上的遗憾，这样的人是很难成就一番事业的。

我们对抉择后的践行必须高度重视。抉择是对事物充分认识的基础上做出的决定，这决定尽管考虑到方方面面的因素，是最佳选择，是正确的抉择，但如果在实际行动中没有很好地付诸实施，那么，再好的抉择也是空谈。抉择后的成功与否，其关键是如何组织实施。我感悟到：做任何事情，外因只是变化的条件，内因才是变化的根据。这内因要在你身上具备"三气"：那就是志气、勇气、傲气。志气就是要立志；勇气就是不能前怕狼后怕虎；傲气就是别人不如我，自己感到别人没有看到、想到、做到的，我看到、想到、做到了。当然，仅有这"三气"还不行，还要懂得欣赏别人，学习别人，尊重别人。

我们要敢于抉择，善于抉择，并且正确实施抉择，就要做到"十个不可"。

一、不可没有志向

抉择是有志者运用的蓝图。人有了志向，才能谈得上抉择。志，就是立志；向，就是向往。也可以说，人从小有人生目标。向目标奋进，就有很多问题需要抉择。抉择绘制美好的蓝图，再抉择实现美好的蓝图。人生没有志，心中无数，稀里糊涂是谈不上抉择的；只有制定了人生目标，有了人生的向往，才有人生的追求，才有前进的方向，才能清楚自己到底想要达到什么样的结果。志向、目标确定之后，编写人生剧本，人生剧本的编写可以分章节，这些章节实际上就是人生的每个年龄阶段的具体目标，这就明确了在人生舞台上如何演出威武雄壮的活剧来。确立志向、选定目标、追求理想，这些都是说人要有美好的人生蓝图。而这个蓝图是通过不断抉择，循序渐进，一步一个脚印来实施的。

党的十八大召开后，中央政治局常委专门观看了《复兴之路》展览，习近平总书记发表重要讲话，明确提出了"两个一百年"的奋斗目标，即到中国共产党成立一百年时全面建成小康社会，到新中国成立一百年时建成富强民主文明和谐的社会主义现代化国家。这就让全国人民有了奋斗目标，有了信心，鼓舞了斗志。同样道理，我们每个人确立目标，同样也会有信心，从而鼓舞斗志。目标确定之后，就要坚定不移地朝着目标迈进，千万不可动摇，我们思考问题要围绕目标，我们的注意力要围绕目标，千万不要分散精力，必须把有限的人力物力财力围绕到目标上来。

二、不可优柔寡断

抉择者经常会优柔寡断，感到拍板很难，以致错失发展良机。在人生的征途上，会遇到很多重要的事件需要自己抉择，而不少人遇事优柔寡断，导致机遇擦肩而过。有位年轻人想办一个靠近学校的早餐馆，他又担心没有生意，犹豫了一段时间，人家办起来了，地方被人家占领了，结果生意很红火，他后悔莫及。出现犹豫不决的原因是多方面的，有个人的性格问题，有知识面的问题，也有观察分析能力的问题，等等。要克服解决这些不足，主要从以下几个方面入手：一是平时注意增强自己抉择勇气的培养，因为抉择需要魄力、果敢，不要遇到问题怕这怕那，要有自信心；二是要学会对问题的分析判断，分析好大有益；三是注重实践，在实践中增长才干，提高自己的认知能力；四是设计方案要深思熟虑，权衡利弊，客观分析有利条件和不利因素；五是虚心听取别人意见，在别人意见的基础上取长补短，优化方案做出抉择。

三、不可抛弃自己的专业特长

抉择时把自己的专业特长作为前提来考虑是一个重要方面。大家都知道，时间是世界上最公平、最宝贵的东西，对每个人来说又是最有限的，人生中最耗不起的就是时间和精力。所以说，我们必须懂得把自己的主要时间和精力利用好、发挥好，充分利用自己的专业特长，努力做好力所能及的事情，千万不能把有限的时间和精力耗费在自己不擅长的领域。现在，有的年轻人甚至把时间和精力耗费在会友、玩耍等娱乐中，浪费了很多宝贵的时间，这是很不应该的。试想，大好青春年华，为什么不去多学习一些专业知识，多掌握一些有用本领呢？显然，每天看点书，日积月累，一定会受益匪浅，终成大业。

四、不可一味追求完美

抉择正确与否，要考虑到的因素是很多的。总体讲，无非是有利因素和不利因素，如果我们一味地追求完美，那是很难抉择的。大家都知道，人世间诸多事物只有很好，没有最好。如果我们对任何事物都追求万无一失、十拿九稳、完美无缺，这是不现实的。在创业的初始阶段，我们是要把问题考虑全面一些，但绝对不可能把所有的问题都考虑到，保证绝对稳操胜券那是不可能的。许多企业界人士都是"摸着石头过河"，在实践中不断总结经验教训，增长才干，才逐步发展壮大起来的。江苏海安锦荣化纤公司董事长李军先生创办企业前，只懂些财务知识、对经营有所了解，对企业的其他方面是不精通的，可是他在实践中不断学习摸索，几年时间，不仅成了化纤行业的行家里手，而且业绩显著，现在又创办了一家科技含量比较高的企业。这是一个很能说明问题的例证。如果李军在创业初期就一味地追求完美，等待什么条件都具备了再起步，他能取得今日的成功吗？说不定，他就可能丧失许多机遇，以致很多事情都没法做成。

五、不可受点挫折就打退堂鼓

抉择实施过程中，往往会碰到一系列难以预料的困难和矛盾，不可能都是一帆风顺的，不可能都是康庄大道，必然有很多崎岖不平的小道，在前进的道路上会遇到这样那样的问题，有时还会受到致命的打击，这是很正常的。当我们人生走到十字路口的时候，最需要的是执着，需要百折不挠的坚强毅力，需要不言放弃的勇气和信心，千万不能灰心丧气，不能轻易地打退堂鼓，陷入自暴自弃的绝望境地，如这样就会一败涂地。我感悟到：很多成功者之所以能成功，往往就在坚持、再坚持的努力之中。我们都要记住"山穷水尽疑无路，柳暗花明又一村"的名言。

六、不可忽视当前

抉择是一个延续的过程，我们应该十分清楚地把握好。过去的就让它过去，需要规划设计的明天和将来，我们再慎重考虑和规划设计，而最重要的是抓住当下的事。过去的，固然需要总结经验教训，从中悟出道理，但毕竟已经过去。将来的美好远景是目标，需要我们为之而奋斗，但美好目标的实现离不开脚踏实地的点滴努力，因此狠抓当前是十分现实而又紧迫的任务，把当前、眼下、今天的事做好才是最重要、最有价值的。

那么，怎样安排、处理、做好当下的事呢？我认为，一是抓大放小。我们无论身处一个什么角色，都要懂得对待事情的妥善安排，善于抓大放小。用唯物辩证法的观念讲，就是要抓住事物的主要矛盾，解决矛盾的主要方面。如果把主要精力放在一般的鸡毛蒜皮之类的事情上，就会分散精力，贻误大事。二是权衡轻重。紧急的事是一定要抓紧做的，不抓紧就会误事的，有的甚至就会出大事的。比如，有人生病了，就必须赶快找医生；领导布置的限期完成的工作，就必须以只争朝夕的精神去完成。再比如，如果家庭经济拮据，入不敷出，就必须赶快找工作先解决吃饭问题。三是主次分明。所谓主次分明，就是要搞清楚什么事件放在重要位置。比如说，对待身体而言，生病了当然是要去看病，但关键的是要在平时把身体健康问题放在重要位置，加强锻炼，注意饮食，这就是主要的事。再比如，企业老板把人的积极性调动起来了，职工的产品质量意识很强，从而使企业的信誉度在外界很高，这就不需要你去花很多时间、精力、费用去巴结客户。说实在的，你的产品质量不好，费了很多力气也没用。这就是告诉我们，主要矛盾抓住了，次要矛盾就会迎刃而解。四是远近结合。所谓远近结合，说的是既要着眼长远，又要狠抓当前。着眼长远就是不能鼠目寸光，狠抓当前就是眼前的事必须抓紧。比如安全工作，我们可不能出了问题才抓安全。为保证长远的安全，就必须注重平时的安全工作，煤矿瓦斯爆炸、娱乐场所失火，都是由于平时放松警惕，如平时安全工作始终抓得很好，各项措施到位，从长远看是不会出问题的。还有，一个人的能力提高，不能等到要使用时才去学习，必须注重平时的积累，平时善于学习，把学习放在重要的位置。当然，除已经学到的知识外，到需要时再"充电"也是必不可少的。再从送子女出国深造看，同样证明了这一点，要从孩子的培养教育着眼，不能只考虑眼前一点一滴的得失而放弃长远。

七、不可好高骛远

做抉择一定要从实际出发，绝不可好高骛远。人贵有自知之明。一个人必须知道自己能吃几碗饭、清楚自己能做多少事，要正确看待自己，给自己以准确的定格定位。诚然，我们对自己所从事的事业，要有自信心，始终保持饱满的精神状态，但是又不能自满，不能自以为是，自我感觉良好，认为自己什么都行。"天外有天，楼外有楼"，这是前贤的经验总结，我们务必谨记。现在，有些人大事做不来，小事又不愿做，这山看到那山高，到头来势必什么事都做不成。

八、不可贪得无厌

抉择不能贪得无厌。最不能装满的是人的胸膛。人都有欲望，七情六欲，吃喝玩乐，这并不过分，努力工作不就是为了过上好生活嘛！这都是正常的需求，能获得的可以积极争取，不必刻意回避，故作清高的做法并不可取，但高不可攀的就不要勉强。属于你的，你不想要也会给你，不属于你的，你总是想得到，最终是没有好结果的。一个人一旦选择了自己的道路，就应该按照自己的抉择走下去，一般情况下不要轻易改变，也不要嫉妒别人比自己如何如何。要知道，社会有自然法则，党有党纪，国有国法，行业有行规，游戏有游戏规则，千万不可为所欲为，贪得无厌。否则，将会身败名裂。

九、不可得意忘形

经过抉择，通过努力，事业总会取得一些成功。在这种小有成就的情况下，我们要学会低调做人。很多人在逆境中能夹着尾巴做人，自强不息，锐意进取，可是往往在顺境中就会飘飘然，不知道自己姓甚名谁了。一个人如果能做到宠辱不惊，那是一个稳健理智的人，是一个有远大理想的人，是一个境界高远的人。做这样的人是需要经历长期的、痛苦的修炼的。这样的人，一般都奉行"低调做人，高调做事"的原则，谨言慎行，严以律己，时刻保持着清醒的头脑，关键时刻不糊涂，每临大事有静气，这样的人一定能成就一番事业。

十、不可鄙视他人

要做到正确抉择，就要虚心听取他人的意见建议，善于博采众长，懂得虚怀若谷，而绝不可随意鄙视他人。大家都知道，人脉关系很重要，但很多人并不知晓怎样才能建立良好的人脉关系。有的人往往目中无人，老子天下第一，常常忽视身边有很多优点、长处的人，不把那些值得自己学习的人放在眼里。有的人与他人谈话交流时，习惯于盛气凌人，表现出一副颐指气使的架势，让人觉得很不舒服。我们与人交往，一定要培养自己的亲和力，绝不能自以为高人一等，更不能对他人采取轻视、漠视、鄙视的态度。在与他人交谈中，要注意倾听，不要随便打断别人的讲话，更不能动辄指责批评。如果不能注意交谈、交往的必要礼貌，不能做到尊重人、理解人、关心人，久而久之，许多人就会离你远去，你就会形单影只，以至于成为孤家寡人，本来应该得到的快乐、幸福就会逐步丧失。我感悟到：尊重他人就是尊重自己，尊重别人才能赢得大家的尊重；只有多听取他人的意见建议，集思广益，兼收并蓄，我们的工作才能做好，我们的事业方可获得成功。

第六节　人生面对

　　人的一生，必然会面对着许多问题和各种矛盾，工作学习、婚姻家庭、社会交往、成败得失、是非恩怨，等等。诸多不可思议的人和事，我们都要经历、领教和应对。其中，也许有些可以回避，有些可以躲避，但也有些是难以避让的。面对这些不同类型的人和事，我们如果稍有不慎，处理不当，将会酿成大错。

　　回首往事，自我反思，在我的人生经历中，有些似乎处理得比较好，也有些处理得不够理想，甚至留有缺憾。在这里，我主要归纳了以下 21 个方面的面对。

一、面对侮辱

　　对于任何一个人而言，对人格的侮辱是最难接受的，因为这涉及人的尊严。面对侮辱，一般人是当面回击，与之大吵大闹一场，这不一定能起到很好的效果。但作为一个具有良好修养的人，面对同伴、同事的侮辱，此时一定要理智，可采取的办法有：一是克制自己，采用不予理会的态度；二是轻松化解，用几句漫不经心的玩笑话，让对方自讨没趣；三是冷静对待，以后寻找机会再妥善处理。当然，对于个别敌意的、别有用心的侮辱，则另当别论。

二、面对奉承

人是喜欢听好话的。"忠言逆耳利于行，良药苦口利于病"的名言，大家都懂。可是，真正做到虚心听取批评、能容纳不同意见的人是很难得的，大多数的人还是喜欢听好话，听表扬自己、吹捧自己的话。问题是，我们要分析哪些是真话，哪些是假话。对于表扬自己的话，要正确对待，防止骄傲自满；对于奉承自己的话，要保持清醒的头脑，可不能飘飘然；对于不怀好意的吹捧，则要增强警觉性，切忌被人利用而不知所以。总之，要保持一颗平常心，谦虚谨慎，不卑不亢，淡然看待身边的一切，要知道自己能吃几碗饭，不要东西南北都不认识了。能这样去做，各种奉承就很难在你这儿奏效。

三、面对狂妄

狂妄实际上是一种无知。凡有素质、有境界、有理智的人，是绝对不可能狂妄的。在我接触的人群中，有这样几种狂妄表现的人：一是取得了一些工作成绩，骄傲自大，目中无人；二是靠投机取巧发了不义之财，自以为有钱就有了一切；三是玩弄权术，成了个别领导眼中的"红人"，根本不把老百姓放在眼里；四是自诩"出身高贵"，少数干部子女瞧不起工农出身的干部。面对各种狂妄之徒，我们只能冷静地面对，"道不同不相为谋"，没有必要为此伤神，更无需与之理论。专心做好自己的事，把自己的事认真做好，比什么都重要。

四、面对挑逗

身处职场，男女交往十分正常，自然也会遭遇莫名其妙的挑逗。对此，首先要保持清醒头脑，认真加以分析，弄清这种挑逗是有意还是无意的，是开玩笑还是居心不良的，是男女之间的一般说笑，还是有所企图的诱惑。情况分析清楚了，就可依照不同情形做出回应。有的可以不予理会，有的可以看他（她）如何表演，有的可以把话题转移到其他方面，还有的可以干脆装傻，让对方感到丈二和尚摸不着头脑。必须切记，不管什么样的挑逗，都已经背离社会的公序良俗，不再是正常的男女交往，因而都要避而远之，不可逢场作戏，不可抱无所谓的态度，以致中了挑逗者的奸计。

五、面对诱惑

现实社会生活中，有些人为了达到个人目的及私利，专门研究干部的喜好和生活习性，不择手段地投其所好，采用请客送礼、吃喝玩乐等各种手段，竭力诱惑、拉拢和腐蚀干部，骗取信任，以售其奸。如果我们不加以警惕，就会被他们的某些手段所迷惑，而一旦被他们掌握，后果可能就很可怕。因此，面对那些竭力讨好和诱惑你的人，一定要克服私心杂念，增强免疫力和自控力，慎重交友，提防小人，耐得住寂寞，管得住小节，经得起糖衣炮弹、金钱美女的诱惑，不可随波逐流，不可放纵自己，以免"一失足成千古恨"。

六、面对怨恨

由于各种原因，有的人在工作、生活中遇到不如意的事，受到不公正的待遇，等等，往往会对社会、领导或同事产生怨恨心态，并可能成为影响社会稳定的消极因素。作为领导、同事、朋友和家人应该怎么办？一是要及时关心帮助，进行安抚疏导，稳定他的思想情绪，防止发生极端事件；二是动之以情，晓之以理，引导他正确对待挫折，感受社会温暖，及早走出思想阴影；三是给予尊重、理解和鼓励，帮助他树立信心，克服缺点和不足，重新扬起生命的风帆，努力做生活的强者。

七、面对敲诈

时下玩"敲诈"把戏的人不少，目的是想不劳而获。他们惯用的手法就是打电话、或者写恐吓信，说你犯了什么错误，有贪污受贿之类的事，而他们是"知情人"，也有说你得罪了什么人，要你"知趣"点，如果想"花钱消灾"，就必须在几天内汇钱到某某账户，如果不汇，就把你做的"丑事"捅出来。在这种情况下，如果你要是真的有什么问题被他们说中了，那你真是提心吊胆，弄不好就上钩了，被他们敲诈成功。我认为，面对敲诈行为，首先自己要过得硬，还是一句老话说得好，叫作"坐得船头稳，不怕浪来颠"。自己没问题，就没啥可怕的，自己若有问题，宁可主动向组织交代清楚，也不能轻易上当。敲诈的人是不会善罢甘休的，一旦上了他们的圈套，厄运就会像魔咒一样缠着你。至于一般的小人想骗几个钱花花，就当发善心、做好事借给他，不还也罢，以后吸取教训就可以了。

八、面对诬陷

有一句名言"身正不怕影子歪"。别人诬陷你，你不要怕，因为天长日久，别人终会知道事情的真相。对于一般的诬陷言论，淡然处之，不必理会，让他不攻自破。如果诬陷涉及大是大非问题，那可不能让他得逞，解决的办法有二：其一，通过单位和组织予以解决；其二，通过法律渠道解决。几年前，曾经有一封朱镕基总理批转给国家工商总局的人民来信，指名对我进行调查。记得他们调查时，访谈了许多人，折腾了很长时间，搞得很紧张，而我照样吃饭睡觉，一如既往地干我的工作，因为我自己明白，我没有做亏心事，怕什么呢？最后，调查结果表明，我确实什么问题也没有，那是一封典型的诬陷信。

九、面对欺骗

现实社会生活中，我们难免会遇上欺骗者。要防止上当受骗，关键是分析和鉴别，我们一定要眼见为实，透过现象看本质，不能被假象蒙住眼睛，不能听了花言巧语就迷失了心智。还有就是一定要记住，天上不会掉下馅儿饼。特别是当今社会，有些骗子利用通讯手段对缺乏理性的人实施欺骗，我们一定要提高警惕，克服贪欲，多动脑筋，及时识破骗术，以免上当受骗。

十、面对威胁

社会上有些人为了达到个人目的，到党政机关"闹访"，提出无理要求，妨碍和干扰机关正常的办公秩序，有的甚至采取威胁手段来找麻烦，甚至恐吓，无所不用其极。对此，你怎么办？一是加强思想疏导，宣传党和国家的方针政策，对某些无理要求坚决说"不"，绝不在原则问题上让步。二是实事求是，对于确实有生活困难的，在政策允许的范围内予以酌情解决。三是讲清道理，耐心劝解，特别要告诫到党政机关无理取闹可能产生的严重后果，必要时可请他的亲朋好友一起协助做工作。四是依靠执法部门支持，通过法律途径解决。

十一、面对傲慢

面对傲慢的人，我们可以远离他，完全可以不把他当回事。人与人之间是需要互相尊重的，谁会愿意与一个趾高气扬的人打交道？自然，对于傲慢的人也要区分，如果是自己的部属或同事有此类现象，我们本着关心同志、对他负责的精神，应当及时给他指出，给予诚恳的批评帮助，不能任其发展。但对于某些不知天高地厚的人，我们绝不可低三下四，失去做人的尊严。

十二、面对自私

一般说来，人都会有自私的一面，这可以理解。但是，损人利己是可耻的行为，是应该受到谴责的。在现实生活中，面对过分自私的人，最好的办法就是与他少接触，少打交道，尤其是对他那些损人利己的行为，更是要划清界限，勇于揭露，不能让他不道德的行径得逞。我们宁可把节省下来的钱用于慈善，也不能把这些钱花在过于自私的人身上。否则，其他人还以为你是傻瓜呢。

十三、面对吹嘘

谦虚谨慎是一种美德。而某些习惯于自我吹嘘的人，往往大言不惭，而内心则十分空虚。面对自我吹嘘的人，一般情况下，只要无伤大雅，不妨碍他人，他爱怎么炫耀就怎么炫耀，我们也就听听而已，一笑了之，心中有数就是了。如果自我吹嘘的人，违背了原则，泄露了机密，触犯了法律，那就要及时制止，不能让他为所欲为。

十四、面对讥笑

在我们周边，经常有些人喜欢通过贬低他人、讥笑他人来抬高自己，似乎这样就能达到个人目的。这种人自以为是，比较高傲，目中无人，手段低劣，甚至肆意讽刺挖苦同伴、同事。面对这种人，我们不必放在心上，不要觉得因为受到讥笑而感到丢面子。因为这种人品行不端，为人不齿，不值得我们为之生气。

十五、面对冷淡

冷淡、冷漠，这是人与人相处时很不希望遇到的"礼遇"如果素不相识，以前没有打过交道，初次见面就遭此"礼遇"，这还可以理解。曾经打过多次交道，尤其是以往相处甚好的朋友，如果这样的人突然对自己冷淡了，怎么办？我认为，一是要分析原因，如果当天发生了不愉快的事，以致他情绪波动而对同伴、同事产生冷淡态度，那就要予以谅解；二是要给予包容，有的人生性如此，对谁都不喜形于色，我们应当允许这类人的个性存在，而不应多与之计较；三是要及时沟通，最好是直截了当地与他交谈，交换彼此的看法，搞清他突然对别人冷淡的缘由，尽可能化解不必要的误会；四是如果什么也说不明白，那就只好远离这种人了。

十六、面对谎言

从本质上讲，说谎是一种欺骗行为，谎言是不能轻信的。诚实的人是不会说谎的。我们对于某些人的谎言，一是要及时识破，不能被谎言所迷惑；二是要勇于揭穿，不能让谎言得逞。但也有人迫不得已，有时候不得不用善意的谎言来应付局面，因此，我们对于有的谎言要注意分析，如果确实是善意的谎言，就应予以谅解，而不能随意责怪。

十七、面对骚扰

有的人心怀不满，知道通过正当渠道是解决不了问题的，于是就采取见不得人的卑劣手段，持续骚扰，让你不得安宁。前些年有个人受到我局行政处罚后，始终不服，他知道通过行政复议或向法院提起行政诉讼不可能改变对他的处罚，就经常深更半夜给我家打电话，闹得我们全家没法睡觉，想用这种骚扰的办法给我施加压力，以实现他的目的。刚开始几次，我耐心地听他讲，听后对他解释，做他的思想工作。可是他根本不听劝说，那段时间我只好把电话线拔掉。还有的人为解决自己的所谓问题，采取无理取闹的方式，连续跟随你上下班，到办公室闹事，搅得机关没法开展工作。面对这些人的持续骚扰怎么办？除了耐心细致地做解释工作外，还可以通过他的亲朋好友做工作；实在还不能解决问题，那只好商请有关部门帮助，直至通过法律途径解决问题。

十八、面对固执

由于各人的经历、教育程度、生活环境、所处岗位等的不同，以致个性也往往各不相同。我们在与人相处中，遇到固执的人在所难免，而固执己见的确实大有人在。面对固执的人，"顶牛"不能解决问题，无原则地迁就也不是办法，比较好的办法，一是心平气和地进行沟通，耐心做好说服工作。二是避其锋芒，予以冷处理，让时间来说服固执者。

十九、面对无知

面对无知的人，最好是少说为佳，说多了也没有什么作用，"对牛弹琴"是十分尴尬的事。由于无知，我们再好心好意地对他，他也不能理解，反而会曲解甚至误解我们的好心好意，而且我们没法解释，往往越解释，矛盾问题越多，不如不讲或少讲为好。在现实生活中，面对不知天高地厚、说话办事不靠谱的"无知者"，我们有什么办法对付他呢？简单说，只能避而远之了。

二十、面对指责

善意的批评、建议与随意指责是有根本区别的。前者是关心人、帮助人，后者则是不尊重人的举动。我们常讲要允许别人讲话，人家讲错了，可以提醒和进行探讨。但是，允许别人讲话，不等于允许随便指责人。古人云："己所不欲，勿施于人。"面对别人对自己的随意指责，为避免矛盾升级，我们应当宽以待人，做到不理会、不计较、不争辩。我曾遇到过不堪入耳的指责声，心想没必要与他计较，只能听之任之，因为这种人根本不懂得起码的礼节礼貌，与他讲道理是没有多大作用的。

二十一、面对虚伪

虚伪的人，待人不真诚，表里不一，虚情假意，一般都是当面说好话，专拣你喜欢听的奉承话讲。对此我们不要驳斥，也就听听而已，听过了事。对于虚伪的人，我们只要记住一句话就可以了，那就是"听其言观其行"。

联系现实生活，我感悟到：面对人生过程中的种种现象，都是在努力寻求做人与做事的基本答案，力求尽可能完美、少一些欠缺的理想结局，但总有不尽如人意的地方。

第七节　人生境界

一般而言，说到境界，大多是指人的思想觉悟和精神修养，包括怎样看待工作、怎样对待学习、怎样做人做事等。在日常的生活中，人们总希望自己是一个有较高思想觉悟和良好精神修养的人，以便体现自己在整个生活中的位置。一个人的经历和悟性最终决定了他的人生境界。

一、对境界的粗浅认识

对于境界的解读，国学大师王国维在《人间词话》中如是说：古今之成大事业、大学问者，必经过三境界。"昨夜西风凋碧树，独上高楼，望尽天涯路。"此第一境也，说的是一个人要有执着的追求，登高望远，既了解事物的概貌又有目标方向，概括为"明"；"衣带渐宽终不悔，为伊消得人憔悴。"此第二境也，说的是一个人对事业、对理想要有追求，要有忘我的奋斗精神，要付出艰辛的劳动才能获得成功，概括为"学"；"众里寻他千百度，蓦然回首，那人正在灯火阑珊处。"此第三境也，说的是经过多次周折、多年磨炼之后，就会逐渐成熟起来，就能明察秋毫，豁然领悟。概括为"悟"。

境界是什么？我感悟到，第一，境界反映一个人的所作所为、所思所想；第二，境界从某种意义上讲是精神，是意志，是睿智；第三，境界是人生观、价值观的综合体现。

怎样认识人生境界的重要性呢？从一定意义上说，1. 有了较高的境界，我们就能以只争朝夕的精神，勤奋学习，积极工作，在本职岗位上努力创造良好业绩。2. 有了较高的境界，我们就能严以律己，自觉抵制各种诱惑，经得起拉拢腐蚀的考验，不会在商品经济的浪潮中迷失方向。3. 有了较高的境界，我们就能懂得感恩，深知自己的成长进步是领导关心培养和同志们支持帮助的结果，知恩图报，努力回馈社会。4. 有了较高的境界，我们就能正确处理各种利益关系，把名利地位看得很淡，自觉把党和人民的利益摆在重要位置，不做对不起社会、对不起自己良心的事。5. 有了较高的境界，我们就能减少许多烦恼，不与某些势利小人斤斤计较，任尔东西南北风，心底无私天地宽。6. 有了较高的境界，我们就能始终淡定，培养良好的心态，把生老病死置之度外，尊重自然规律，既珍惜生命，又不畏惧死亡，健康快乐每一天，尽情享受幸福的生活。

二、境界与人生价值的关系

具有较高境界的人自然明白，人生的价值不是吃喝玩乐，不是金钱美女，不是升官发财，也不是生命的长短，而是在一生中做了多少有意义的事。从一定意义上讲，追求较高境界与实现人生价值是统一的，具有较高的人生境界，才能真正实现人生价值；而人生境界的高低，往往体现在是否为实现人生价值不懈努力。

我在这里，不妨举几个真人实例。

真人实例之一，上海东方肝胆外科医院院长吴孟超，从医 68 年，医者仁心，不图名利，情系病人，以其高超的外科技术，把一万多名病人拉出了生命的绝境，年届九十仍然经常站上手术台，被誉为"医魂"，荣获国家最高科学技术奖。

真人实例之二，鞍钢齐大山铁矿采场公路管理员郭明义，入党 30

多年来，每天都提前 2 小时上班，累计献工 1500。多小时；他 19 年献血 6 万毫升，是自身血量的 10 倍多；1994 年以来主动捐款 12 万元，先后资助了 180 多名特困生，而自己的家中却几乎一贫如洗。

真人实例之三，云南保山原地委书记杨善洲，为了兑现自己当初"为当地群众做一点实事不要任何报酬"的承诺，退休后主动放弃进省城安享晚年的机会，扎根大亮山，义务植树造林，一干就是 22 年，建成面积 5.6 万亩、价值 3 亿元的林场，且将林场无偿捐赠给国家。

真人实例之四，敦煌文物研究院院长樊锦诗，1963 年自北京大学毕业后，扎根敦煌大漠，始终不离不弃，致力于石窟考古、石窟科学保护和管理。她默默无闻，任劳任怨，从青春少女到满头华发，在敦煌研究所坚持工作了 40 余年，为保护敦煌莫高窟倾注了无数心血，被誉为"敦煌女儿"。

真人实例之五，四川省凉山木里藏族自治县投递员王顺友，20 年间在雪域高原跋涉了 26 万公里、相当于绕地球赤道 6 圈；每年投递报纸 8000 多份、杂志 700 多份、函件 1500 多份、包裹 600 多件，没有延误过一个班期，没有丢失过一份报刊（邮件），投递准确率达到 100%。

以上这样的真人实例，我还可以找出很多。他们身处不同岗位，经历表现也各不相同，可歌可泣，令人动容。他们的共同特点，就是始终坚守心中的理想，认准自己的人生目标，热爱本职工作，脚踏实地做事，他们没有好高骛远，而是执着追求，干一行、爱一行、钻一行，一生无怨无悔，在平凡岗位上努力实现自己的人生价值。从某种意义上讲，在现今这个物欲横流的社会中，他们所展现的境界非常高尚，弥足珍贵，这种榜样的力量非常具有感染力和震撼力。中国特色社会主义事业需要这样的境界，我们的社会需要无数具有这样境界的人。

三、境界与日常言谈举止的关系

说到境界，可能有的人以为这是一种高不可攀的东西。其实，境界同样反映在我们日常生活中。我们每个人日常的言谈举止，都能展现人生境界的高低。

生活是多姿多彩的，社会是多元多样的。凡人伸出手来，手指都是不一般长的；人所处的位置不一样，心态绝不会一样，说出的话、做出的事情以及展现的境界，自然就更不一样。我在职工作时，由于工作需要，不时会召集一些会议，与有关同志一起座谈或讨论一些问题，我常常发现，那些平时自以为是、喜欢高谈阔论、经常夸夸其谈的人，在谈到一些具体问题时，特别是谈到正题时，表现平平，甚至有点"掉价"，与以往判若两人，觉悟之低很让人鄙视，人品素质着实不怎么样。而一些看上去有点木讷、日常不爱多说话的人，讲出来的几句话倒蛮中听，诚恳朴素，实实在在，掷地有声，并没有虚伪的那一套，不免让人感动一番。

这种会议上的情景，在现实生活中并不乏见。貌似高尚、假充时尚的，大有人在。我们目睹这样的人，慷慨激昂，言辞犀利，抨击时弊，愤世嫉俗，时时扮演着"卫道士"之角色，俨然是"正人君子"的形象。可是，这些人的高谈阔论，都是因为他们是一群既得利益者，但凡没有触动他们的切身利益，这样的人是可以自以为是、信誓旦旦的。然而，谁真要动了他们的奶酪，揭露了他们的疮疤，他们不急才怪呢！从社会学的角度讲，这种现象的产生和存在，自有它的社会基础，与体制机制的缺陷也不无关系。用一句通俗的话来概括，就是这种人"见人说人话，见鬼说鬼话"，是典型的两面人。至于那些让我感动了一番的人，因为朴实忠厚，心底坦荡，因为低调本分，不事张扬，因为勤勤恳恳地做事，踏踏实实地做人，使我感悟了人生境界的真正含义。他们也许并不讨某些人的喜欢，也许在官场上并不是那么合乎潮流，但从内心讲，我更赞赏这些人，更推崇这些人。他们才是高尚的人，纯粹的人，脱离了低级趣味的人。

《论语·公冶长》说："始吾于人也，听其言而信其行；今吾于人也，听其言而观其行。"唐代柳宗元《非国语下·叔鱼生》中也讲道："君子之于人也，听其言而观其行。"古人的这些论述，言简意赅，入木三分，突出强调了做人做事的基本原则。其实，人生境界反映在日常生活中，其核心是知行合一，关键在于觉悟，在于素质，在于人品。一个人的言行举止，是由其觉悟、素质与人品决定的。再进一步讲，是与境界的高低密切相关的。

实践告诉我们：境界必然是修炼的结果，是反复比较、长期积累的产物，是改造客观世界与改造主观世界的综合反映。

第八节　人生朋友

日常生活中，人与人交往多了，相处时间长了，感情逐步加深，天长日久，彼此就成了朋友。但是，一个不容忽视的现实是，有些人没有多少朋友，有些人根本就没有真正的朋友，有些人意识不到朋友的重要性，有些人不清楚怎样才能交到好朋友。

一、怎样认识朋友

《毛泽东选集》的开篇就这样写道："谁是我们的敌人，谁是我们的朋友，这是中国革命的首要问题。"可见，有没有朋友，交什么样的朋友，至关重要，不可马虎，不可等闲视之。

朋友有很多种，略举几例：其一，志同道合。共同的志向，共同的爱好，共同的习性，遂使之结为盟友，同心勠力，携手为共同目标而奋斗。其二，情同手足。从小一起长大，曾经同学，知根知底，彼此信赖，不是兄弟，胜似兄弟。其三，患难之交。曾经在特殊环境中一起度过，有一段难忘的共同经历和记忆。肝胆相照，荣辱与共，这种友情特别珍贵。其四，惺惺相惜。由于长期在一起工作，或认识时间较长，大家都比较谈得来，相互关照，日久生情，便成为很好的朋友。其五，狐朋狗友。喜欢在一起玩，干坏事也凑一块，狼狈为奸，助纣为虐，有奶就是娘。其六，酒肉朋友。也就是今日有酒今日醉的那伙人，吃吃喝喝，玩玩闹闹，根本不会有真实的感情。以上粗略分析，不一而足。

《论语》言之："道不同，不相为谋。"所谓朋友，应当是那种有共同语言，可以交心相处、可以合作共事的人。

记得有一部电视剧《手机》，其中也讲到"朋友"。说真正的朋友，就是能开口问你借钱，你也愿意借钱给他的那些人。其实，这里讲的朋友，无非是彼此非常信任、关系特别"铁"的那种。也有人调侃，说朋友"四大铁"，所谓的铁哥们一般是，一起下过乡的，一起扛过枪的，一起嫖过娼的，一起分过赃的。

在日常生活中，我们每个人都喜欢结交朋友，希望朋友多多益善。但要强调，我们所希望结交的朋友，应当是能够互相尊重、互相理解、互相信任、互相帮助的那些人。那些虚伪、功利、圆滑、奸佞之人，固然不能当面说出来，揭他的老底，也不值得与他们翻脸，但对他们提高警惕，与之保持适当的距离，还是非常需要的，决不能让他们"忽悠"了，更不能已经被他们卖了还乐呵呵地帮着"数钱"。

二、如何衡量朋友

著名歌手杭天棋演唱过一首名为《永远是朋友》的歌曲，歌中唱道："千里难寻是朋友，朋友多了路好走，以诚相见，心诚则灵，让我们从此是朋友。千金难买是朋友，朋友多了春常留，以心相许，心灵相通，让我们永远是朋友。结识新朋友，不忘老朋友，多少新朋友，变成老朋友。天高地也厚，山高水常流，愿我们到处都有好朋友。"我觉得这首歌的歌词写得很好。

可以说，如何慎交友、会交友、交好友，是大有学问的。结交朋友是人生道路上的一门必修课，是一篇值得一辈子花功夫去做的大文章。结交什么样的朋友，对人的一生是至关重要的。

什么是真正的朋友？我的理解是这样的：成为朋友关系的基础是有

共同的语言，谈得来，朋友如切如磋，互相倾听，不会拐弯抹角，不会故意讨好；朋友是有用的，不是被利用的；朋友情是牢固的，不常联系也是永存的；朋友是不戴面具的，不会虚情假意，能够坦诚相见。简言之，朋友是有交情、处得来的人。

那么，衡量朋友的标准有哪些呢？这是一个很难回答的问题，也许各人有各人的标准。我感到，衡量真正的朋友的标准，应该是两个字最重要："真诚。"

我们应该交什么样的朋友呢？我在几十年的生活实践中体会到：人生交朋友最少要交五个方面的朋友：其一，要交充满正能量的朋友。这样的朋友有理想、人品好、心真诚、走正道。其二，要交有主见的朋友。因为人生总会遇到这样那样的事，需要找人商量，这个人如果没有主见，那只能一般相处，不能成为知心朋友，与他交往只能浪费宝贵时间。其三，要交敢于直言的朋友。能对自己说真话，真诚相待，不隐瞒自己的观点，这样的朋友才是真朋友。其四，要交懂得欣赏自己的朋友。人做事情总需要人肯定，遇到困难总需要人帮助。交懂得欣赏自己的人为朋友，你能得到他的支持、鼓舞。只有欣赏你，才会帮助你，或者与你合作。京东集团 CEO 刘强东与格力集团董事长董明珠正因为彼此欣赏，成为了好朋友，合作非常成功。其五，要交有相同兴趣爱好的朋友。既然是朋友，总是有交往的，没有共同的兴趣爱好，就很难相处到一块，怎么能成为朋友呢？

三、我对朋友相处的几点看法

俗话说，在家靠父母，出门靠朋友。在现代社会中，任何人都不可能孤立地存在。因为工作、学习、生活，我们都要与各色人等结交，假以时日，就会逐渐形成不同的"朋友圈""社交圈"，建立起互相帮衬、彼此关照的亲密关系。从一定意义上讲，结交朋友，这是人们维持生存、适应环境的基本需要。

问题是，我们怎样与朋友相处呢？我以为，日常生活中有以下几种人不能当作朋友：

一是喜欢吹毛求疵的人。有些人永远看不惯别人，以挑刺为能事、乐事，大事小事都会"横挑鼻子竖挑眼"，净讲些让人扫兴的话。这样做，不仅会伤害他人自尊，还会让人感到与之结交很累。

二是过于自以为是的人。以自我为中心，喜欢拿别人"开涮"，从来都是只考虑自己的感受，只知道自己的心理满足，只要他人照顾自己，不会替他人设身处地地着想，不会给他人分享和倾诉的机会。

三是依赖心太重的人。有的人就像寄生虫，离了朋友就活不了，整天唠唠叨叨、黏黏糊糊，总是纠缠着他人。与这种人相交，会消耗大量的精力和时间，使你感到身心俱疲，不堪忍受。

四是功利至上的人。在这种人的心目中，人可以分成有用、无用两种，有事有人，无事无人。他们总思考着怎样算计别人、利用别人。对有用的人，可以"叫爹"，极尽巴结和奉承，反之则"狗屁不如"

五是控制欲很强的人。这种人不允许他人提出任何反对意见，什么事情都要插一手，强词夺理，强加于人。与之交往，没有平等相处的感觉，没有朋友交往的意境，因而倍感压抑，益处全无。

六是心胸狭窄的人。表现为心机很深，遇事不愿吃亏，常常斤斤计较，缺乏集体意识，令人捉摸不透，难以与之交心。特别要加以防范的是，这种人报复心极重，听不得不同意见，很难与周围同志搞好团结。

七是背信弃义的人。这种人总是言而无信，甚至出尔反尔，背叛朋友，满嘴谎话，一派胡言，做人的起码道德、基本信誉都没有，只能让人觉得缺乏与其继续交往的心理期待。

以上列举了若干种不能交朋友的人，其中道理十分简单。《论语》中有这样一段话：与人交往，"择其善者而从之，其不善者而改之"民间也有这样一种比喻，叫作"物以类聚，人以群分"说到底，人不可没有朋友，不能与世隔绝，不应独往独来；但是结交朋友必须有所选择、有所鉴别，绝不可滥交，要结交真心朋友、诚信朋友。真正的朋友，应当是志同道合的，而不是貌合神离的；应当是肝胆相照的，而不是虚情假意的。显然，这些都是结交朋友的重要原则。

我在本书第一章第四节"人生选择"中提到了关于"交对朋友"的一些思考，认为"交对朋友"是人生的重要课题。结合我个人多年工作、生活、社交的经验教训，我感到需要把握以下 8 个方面，以此作为朋友相处的底线。这 8 个方面是：1. 我可以吃亏，但你千万别把我当傻瓜；2. 我可以包容，但你千万别得寸进尺；3. 我可以为你做力所能及的事，但你千万别让我违法违纪违规；4. 我可以接受你的批评意见，但你千万别无中生有；5. 我可以不计较你的说话方式，但你千万别在背后指责；6. 我可以对你付出不图回报，但你千万别恩将仇报；7. 我可以不计较你的吝啬，但你千万别以为我应该给你恩赐；8. 我可以对你真诚相待，但你千万别忽悠我。

我感悟到：朋友相处，有两句话用得着，这就是"路遥知马力，日久见人心"。

第九节　人生观察

　　观察就是审视，就是人们对现实社会生活中的人和事进行细致的察看。中国民间有句俗话，叫作"眼观六路，耳听八方"，说的是要善于观察。一个人生活在现实社会中，说话、做事、决策正确与否，观察是前提，观察是做出决断的基础。我们常说，分析好，大有益，分析好的前提条件是观察。概而言之，人的一生，都是在不断的观察、分析、认识、选择、践行中度过的。

　　首先，我想谈谈如何观察人的问题。这是一个敏感的话题，也是一个难题。说敏感，是因为谁都想对打交道的人有所了解，可有的人就是不愿意说白了。说难，人不仅有个性，而且有多面性、可变性。同时还有"面具"，这就比较难观察了。

　　各级党委政府及各种组织，当领导的，都需要考察人、使用人。即使是普通老百姓，也都要与人打交道，都有一个观察人、认识人以及如何与人相处的问题。谁都想能够正确地看待人，而不愿意看错人。那么，如何观察人呢？有句名言，叫作"听其言，观其行"意思是告诫我们，看人不能只听他说得好听，最主要的是看他的实际行动。看一个人不仅要听他怎么说的，更重要的是看他怎么做的。观察不能看表象，要透过现象看本质，要加以分析。

　　观察、分析、衡量人，最重要的是看人品。我感到，看人品的基本标准，最主要的有 8 个方面，即厚道、善良、守信、宽容、诚实、谦虚、正直、执着。

1. 厚道，就是待人诚恳不刻薄。这是一个人的立身之本。中国有一句名言叫"厚德载物"一个人如果不厚道，别人是不愿意与他深交的，是不会打心眼里佩服他的。如果一个人总是怕吃亏，想占别人便宜，哪有人愿意与他相处呢？

2. 善良，就是为人和善心地好。这是看一个人的关键所在，善良才能坦荡做人。一个人心地善良，对他人没有恶意，人缘就很好，他一定有感恩之心，有感恩之心的人，朋友圈会比较大。

3. 守信，就是遵纪守法讲信用。这是看一个人品行的重要方面，如果做人的信用都不要了，还有人敢与他相处吗？人与人交往，就是要讲究言必行、行必果，否则，是没有人相信他的。

4. 宽容，就是心胸开阔能包容。这是看一个人境界如何的显著标志。我们要允许别人犯错误，允许别人改正错误，善于同与自己有不同意见的人合作共事，做到宽以待人。我在海安镇任镇长时，在三个乡合并到海安镇时，副乡镇级干部有 30 多名，各人有各人的个性、脾气、优缺点、思想水平、工作能力参差不齐。几年间，我与他们团结协调，相处和谐，靠的就是既讲大局，讲原则，也讲谦让，讲宽容。否则，我们的班子就可能成为一个四分五裂的领导班子。

5. 诚实，就是忠诚老实重形象。这是做人的基本要求。我们对事业、对组织、对同志，都应当以诚相待，言行一致。一个人如果不诚实，他在人们心目中的形象就会大打折扣，犹如商品中的"次品"一个人一旦成为"次品"，是没有人会瞧得起的。

6. 谦虚，就是谦虚谨慎不自满。这是低调做人的突出表现。谦虚是相对于骄傲而言的。我感到，人生在世，取得了成绩不是不可以自豪，谁不想赢得荣耀，谁不期望得到褒奖呢？但是，我们一定要学会低调做人，谦虚谨慎，戒骄戒躁，正确对待成绩和荣誉，不能忘记"谦虚使人进步，骄傲使人落后"的名言。一个不懂得谦虚、不能正视自己缺点弱点的人，是难以与他人搞好团结的，最终势必导致要了"面子"，失了"里子"的悲催结局。

7. 正直，就是公道办事讲正气。这是检验一个人的人品好坏的重要方面。正直不是个性问题，而是人的品行问题。正直的人一般都能做到坐得正、行得端，不畏强暴，敢作敢为。正直的人由于性情耿直，往往容易得罪人，不被人理解，而城府比较深的人，一般不会得罪人。用通俗的话讲，正直的人往往吃不开。我在这方面是有教训的。我在工作岗位上，因为正直，曾经得罪了一些人，但不少同志给予了充分的理解，认为我说的话和办的事都不是为了自己。在这里，我要特别感谢曾经共事的许多同志对我的理解和支持，同时也由衷地感到，现实社会太需要正直的人了！自然，我也不后悔，因为无私才能无畏。

8. 执着，就是锲而不舍有耐心。这是反映人生价值的重要方面。看一个人做事情有没有决心、恒心，有没有锲而不舍的精神，就要看他对目标是否执着追求，对事业是否执着坚守。唯有信念坚定、矢志不渝的人，才能克服各种困难，实现既定目标，到达理想的彼岸。

其次，我觉得不仅要学会观察人，还要懂得观察善变的人心。现在有不少人变化很快，"翻脸比翻书还快"你有职有权时，他能围着你团团转，好话说尽，一脸奴相；而你一旦离职，或是无权无势了，他就会躲得远远的，甚至摇身一变，落井下石。因此，我们在人生道路上一定要保持头脑清醒，要善于观察人，看透那些善变的人心，不能轻易相信某些满口甜言蜜语的人。

再次，我们还要观察社会现象问题。我们在日常工作和生活中，应该学会观察分析社会，分析好是大有益处的。如今社会，瞬息万变，过去讲"三十年河东，三十年河西"，现在恐怕是"三年河东，三年河西"许多企业老板就是因为对宏观经济形势分析不够，导致企业在很短的时间陷入低谷，一时举步维艰。比如，某些生产消费品的企业，为什么产品积压，降库存很难实现？关键还是企业对社会的发展趋势观察分析不够，认识不到转型升级的重要性，看不到人们的消费观念已经发生根本转变。我们的企业一旦跟不上时代潮流，生产出来的产品不受老百姓欢迎，那就难免在激烈的市场竞争中被淘汰出局。

因此，我深深地感悟到：学会观察，终身受益。

第十节　人生肚量

　　"宰相肚里能撑船"，说的是大官一般肚量都比较大，听得进不同意见，受得了各种委屈。但我以为，这句话不仅仅是对一种现象的形容，也不仅仅是针对某些大官，其本意在于奉劝人们都要学会容忍。

　　任劳任怨的含义，绝大多数人都懂。一般说来，很多人任劳可以做到，但任怨就不那么容易做到了。顺耳之言容易接受，逆耳之言就不那么容易听进去了。因为，人都是要面子的，喜欢听好话，听表扬、肯定自己的话，批评意见是难以接受的。人与人之间在肉体上没差别，差别是在心灵上、肚量上，肚量有多大，视野就有多大。几十年的工作期间，我接触过的一些干部，论思想水平和工作能力都不差，但就是肚量小，心胸比较狭窄，听不进不同意见，所以后来不同程度地受到了一些挫折。

一、对人生肚量的认识

　　民族英雄林则徐有一副用以自勉的对联："海纳百川，有容乃大；壁立千仞，无欲则刚。"我感到这副对联是告诉我们，做人要豁达大度，胸怀宽阔，这也是一个人有修养的表现。

　　1. 肚量，是成就事业的重要基础。肚量的大小，对事业的成败起到关键性的作用。如果肚量小，听不进别人的意见，人家以后就不会对你讲什么了，久而久之就会成为孤家寡人。特别是现代社会条件下，再聪明、能力再强的人，也没法与一个团队比拼。一个人相容性不够，凭单枪匹马，想要成就一番事业是很难的。俗话说，旁观者清。当旁观者对自己提出了不同意见，或者提出了批评，即使未必正确，也都需要耐心听取，这对自己干事业是有益而无害的。

2.肚量，也是建立良好人脉关系的关键。肚量大，能包容别人，不计较别人说话语气的轻重和方法的好坏，别人就愿意与你交往，有话就愿意与你说。礼貌待人，与别人的关系就会融洽，就能吸纳各种人才，建立良好的人脉关系，团结一切可以团结的力量，就能打开广阔的事业天地。

3.肚量，还是保持愉快心情的前提。有肚量的人，性情一般比较开朗，懂得享受快乐，家庭幸福，身体健康。如果听不见别人的意见，心胸比较狭窄，对于他人提出不同看法，往往就会生气，这样，你就会不快乐，一旦经常不快乐，幸福指数就低，长此以往就会影响身体健康。

二、对人生肚量的剖析

现在有句讽刺领导的成语，称为"领导大肚"其意，无非是借"大度"的谐音"大肚"，暗喻领导养尊处优，大腹便便吧。但我想说的是，从组织管理学的角度讲，领导者似乎确实应当"大肚"，有宽阔的胸襟。肚量大，才装得进各种东西，听得进不同声音，有很好的相容性。如果当领导的小肚鸡肠，心胸狭窄，容不了人，那谁在他下面做事都难。

读过《水浒传》《三国演义》的，或许对曹操与王伦的故事不会陌生。这两个我国历史上的人物，因为胸襟不同，其结局和遭遇大相径庭。《水浒传》中的白衣秀士王伦，因为不够大度，妒贤嫉能，不仅没有守住既有的事业，反而被林冲一刀结束了身家性命。而据《三国演义》所述，官渡之战，曹操打败了袁绍。士兵在清理袁绍遗留下的文件书札时，发现了许多信件。这些信件中，有些是曹操的某些部属私下里写给袁绍的。曹操的部属写这些信件给袁绍时，袁绍的势力还很大，曹操一度还很背运。没想到的是，曹操迅速崛起，袁绍则一败涂地，而这些当初为了给自己"留后路"的信件，居然成了暗中投靠袁绍、意欲背叛曹操的"罪证"。这些信件被搜出来后，写这些信件的官员非常惶恐，担心杀身之祸随时降临。但出人意料的是，曹操听了士兵的报告，对这些信件看都不看，即吩咐士兵把这些信件一把大火烧了。官员们如释重负，暗自庆幸，然而内心却更加敬重曹操，佩服曹操，坚定了跟随曹操"打天下"的决心。而之后，曹操的大度如同广告一般，口碑相传，迅速扩散，有效地提高了他的威望，各地来投奔曹操的猛将贤士也越来越多，使曹操的势力不断壮大，积累了成就霸业的人才保障。

这些故事对现代领导者是有启发的。学曹操，莫学王伦，领导者一定要大度大量，胸襟开阔，这样才能聚天下贤才为我所用。一个领导者，即使满腹经纶，即使能力超群，也不可能包打天下。懂得尊重人，能够理解人，善于团结人，方能充分调动一切积极因素，把我们正在做的事业不断推向前进。

同样的道理，即使我们是普通劳动者，在日常工作中，在社会交往中，在家庭生活中，也都需要宽宏大量，懂得包容，修养得体，坦诚待人，这样才能广结善缘，与人友好相处，铸就美好愉快的人生。

三、对人生肚量的感悟

我曾经在单位一把手位置上工作多年，面对许许多多的人和事，来自方方面面的不同意见，甚至无中生有的说辞、挑拨离间的手段，如果没有应有的肚量，就会对工作造成很大影响，甚至造成损失。记得我初到一个单位工作时，了解到个别人对我的前任根本不放在眼里，经常为所欲为，我到任后，为规范管理，制定了一些规章制度，对这些人有所制约，使他们利用手中权力牟取私利没以前那么方便了。为此，他们对我很有意见，千方百计地找我"碴子"，与我"对着干"我对他们这些做法心知肚明，但不予过多理会和计较，在原则问题上把好关口的前提下，坚持一切从大局出发，竭力维护单位稳定，开展好各项工作。几年间，我担任主要领导的这个单位，许多工作在全省系统内名列前茅。我想，这些突出的工作成绩，就是靠心胸开阔肚量大而取得的。单位内部团结协调了，就能心往一处想，劲往一处使。如果一味地斤斤计较，就不可能凝聚人心，也就难以顺利地推动工作。

肚量大一点，心胸宽一点，朋友广一点，快乐多一点，事业顺一点。这是我在实践中深深感悟到的一些粗浅体会。

第十一节　人生代沟

所谓代沟，广义是指年轻一代与老一代在思想方法、价值观念、生活态度、兴趣爱好方面存在的心理距离或心理隔阂。狭义是指父母与子女之间的心理差距或心理隔阂。

为什么会出现代沟？

1. 由于客观条件，代沟自然产生。由于所处的年代不同，经历不同，交往的对象不同，常常产生一些对客观事物的认识不同，这样在心理上就拉开了距离，发展下去就会产生代沟。过去的困难时期，把40后、50后、60后的一代人饿怕了，这些人现在特别爱惜粮食，不能有一点浪费，看到小孩有一点浪费，轻者会一般地说一下，重者会批评指责，而小孩则往往觉得无所谓，有的还认为长辈很小气，过于吝啬，故意找碴等等，从而产生了心理上的隔阂。

2. 因为年龄差距，代沟不可避免。出生年代有差距，或者说年龄相差一代人，他们的世界观、人生观、价值观不可能都是一样的。由于接受的教育，以及接触到的人和事不一样，思想观念就不可能都是一样的。当然，现在有的相差不了几岁的人，也会有不同的认识，但那不叫代沟，应该是思想观念不一致。

3. 相互缺少理解，代沟必然形成。家庭成员中的老一代与下一代本没有原则分歧，只是对一些问题的看法不同，孩子渐渐长大了，有了自己的想法，对长辈提出的意见不一定能够完全接受，这很正常。可是，老一辈往往要按照自己的意图来规划孩子的人生，这就会产生隔阂。加之两代人缺少及时的沟通，久而久之，思想感情上拉大了距离，代沟就会不断扩大。

家庭成员的父母与子女之间产生代沟，应该说没有根本的矛盾，无非是在生活安排、培养教育子女的方式方法，以及家庭规划设想等问题上产生了一些不同意见，引起了一些思想分歧，说严重点，两代人之间产生了小代沟。比如节约用电问题，我和老伴白天一般是不开灯的，都习惯于随手关灯。可是小孩不赞同我们这样做，认为没必要节省这点钱，这就有分歧了。我们年幼时接受的启蒙教育，其中就有节省一度电、一滴水、一粒米的说法，现在怎么能随意浪费呢？况且，我们过去苦日子过惯了，知道钱是来之不易的，而且懂得即使现在经济条件好了，也不能铺张浪费呀。又如家里的剩菜剩饭，我们这一代人都会放着第二天再吃，从来是不会舍得倒了的，可是孩子们不允许我们吃剩菜剩饭，说吃坏了身体怎么办。再如消费观问题，我们这一代人与年轻人是大不一样的，年轻人喜欢赶时髦，追新潮，讲时尚，追求名牌、品牌，对奢侈品消费舍得花钱，而我们这一代人，即使经济条件比较好，还是舍不得开销，比较节俭，钱是不会乱花的，因为我们这一代人接受艰苦朴素、勤俭持家的教育太深了，根本不会大手大脚地花钱。这样，代沟的产生就不足为奇了。

有代沟不要紧，关键是要学会弥补代沟所产生的思想分歧。当然，要想彻底填平代沟，并不是一件容易的事。但我们必须充分认识代沟存在的有害性，防止代沟的逐渐加深。因为一旦形成了代沟，对家庭、对子女、对自己都是有害无益的，轻的会造成家庭不和睦，生活在一起心情不愉快，重的则会导致家庭矛盾重重，甚至引发父子反目，造成妻离子散的结果。那么，怎样才能填平代沟呢？我感到，最主要的方法是沟通，最有效的是从思想上找原因。要解决产生代沟双方的思想问题，双方都得要学习，互相理解，换位思考。

　　我曾经与女儿、女婿在有些问题上产生过不一致的看法。后来通过思想沟通，心平气和地分析，最终形成了统一的思想认识。在与女儿、女婿沟通时，我首先反思了自己的哪些思想观念有问题，不正确的就主动承认，不拘泥于"长辈的颜面"，对一些没必要固执己见的看法提出要积极改正，孩子们为此很高兴，也检讨了他们的不足。我感悟到：要填平长辈与子女之间的代沟，首先要解决我们长辈自己的思想观念问题。因为这往往是产生矛盾的主要方面。具体地说，重要的有以下几个方面。

　　一是要学会接受新思想。现在的许多年轻人认为，拼命赚钱就是为了享受，提前消费是为了更好地赚钱。对于他们的这些观念，我们要给予理解，有时还要鼓励和支持。

　　二是要学会认识新事物。不要只知道怀旧，优良传统固然不能丢弃，但也要懂得与时俱进，适应新的形势。

　　三是要学会紧跟新时代。现在是网络时代，信息爆炸，知识更新很快，许多方面已经与以往不可同日而语。外面的世界很精彩，我们要善于通过网络、微博等新媒体及时了解新的信息，主动接触新的时尚，努力做到不闭塞、不落伍。

　　四是要学会享受新生活。铺张浪费是必须反对的，追求奢侈的生活方式也是不可取的。然而，我们努力工作的目的，难道不是为了更好地享受生活吗？如今国家一再鼓励扩大消费，倡导改善民生，因为消费对促进生产是有益的，对国家、对社会、对个人都有好处。因此，在不铺张浪费的前提下，我们要学会生活，懂得享受。

　　五是要学会使用新方法。与孩子们沟通，千万不要总是端着长辈的架势，不要采用居高临下的姿态，更不能用训斥的语言对待孩子们，应该心平气和地与孩子们互相交流想法。有些当面难以启齿的话，可以通过微信、短信、微博等方式进行沟通交流，也可以请亲朋好友转达有关看法，还可以与孩子们一起外出旅游，在开心玩耍时交换意见。

　　这里，我也要对产生代沟的晚辈一方说几句心里话：长辈们为什么会与你们的想法、意见不一样？简单说，是因为他们的阅历与你们不一样，消费观念不一样。必须看到，在长辈们的身上，承载着中华民族的许多优良传统，而这些优良传统并没有过时，需要继续发扬光大。对此，你们年轻一代一定要客观分析和正确认识，给予充分理解。

　　我感悟到，有代沟是正常的。对于代沟问题，我们要善于运用沟通的方法予以弥合。只要做到求同存异，彼此都不固执己见，主动抛弃那些认为自己永远正确，而别人统统不对的观念，就一定能换来家庭和睦和谐的良好局面，实现家和万事兴的理想目标。

第十二节　人生亲情

人世间最难割舍的是亲情。最近几年，中央电视台公益广告评比，被评为第一名的是一则公益广告，即骨肉之情的"打包"这则广告的内容是：儿子就在身边，可是一位患老年痴呆症的老人见到要"打包"的饺子，就用手把饺子放到自己口袋里，嘴里说着"这是留给我儿子的，我儿子最爱吃这个"这则广告太感人了，深深地打动了我！

如今社会，正面临老龄化白发浪潮涌来之际。这则广告提醒人们，亲情不能忘，要懂得感恩。这位父亲虽然意识模糊了，但亲情犹在，仍然记得儿子最喜欢吃的饺子。那么，父亲关心着儿子，儿子是否同样应该关心父亲呢？无疑，这是人们对骨肉之情期盼的真实写照。

在我人生经历中，对亲情的感受太深刻了！在部队服役期间，父母先后离世，我没有能很好地尽孝。"自古忠孝两难全"，实乃所言不虚！我转业到地方工作20多年，因为忙于工作，几乎很少有时间与家人一起过星期天，至今没有一次带她们外出旅游过。我退居二线，特别是退休之后，本应享受天伦之乐了，可孩子们与我们不在一起生活，这让我们夫妻俩经常十分伤感。幸亏我们赶上了现代通信发达的好年代，周末就成了我们家"法定"的上网视频聊天日，孩子们再忙，也都要挤出时间与我们在网上相约见面，畅聊片刻。

我感受到，亲情如何，往往在中国传统节日时最能体现。元旦、春节、清明节、端午节、中秋节等，都是中华民族的传统节日，这些节日是历史文化长期积淀的，是凝聚亲情的重要时刻，人生亲情在这些传统节日大多表现得淋漓尽致。尤其是春节、清明节更加让人重视。如今社会人口流动量大，每逢春节，在外打工的人，再远再困难都千方百计赶回家与家人团聚。近几年，有关春节前夕从外地赶回家的不少报道，足以说明亲情在人们心目中的分量。清明节是祭祖的节日，是怀念已故亲人的节日，牵动着无数家庭的亲情。烧点纸钱，磕头祭拜祖先，是我国许多家庭难以忽略、都要做好的一件大事。

我感受到，亲情如何，一般在处理家庭矛盾时最能显露。一般情况下，在一个庞大的家族中，要想做到"一碗水端平"是很难的。如果兄弟姐妹比较多，要想大家对父母都满意也是很难的。作为长辈，自然要关心、关爱晚辈，可他们还不知足，这就让人很痛心。怎么办？重要的办法，还是要靠一个"情"字来化解，看在亲情的分上，做到彼此理解、互相尊重。在现实生活中，因为子女不愿意赡养老人，最后为分遗产造成纠纷闹上法庭时，只要讲亲情，大多数通过法庭调解都能解决问题，也就不需要判决了。

我感受到，亲情如何，大多在情感和利益冲突时最能辨析。在现实生活中，确有个别人不讲亲情，导致家庭不和谐、亲戚不来往，甚至反目成了仇家，其中缘由，很大程度上是有些亲属过于势利，只认"钱"不念"情"。有两句名言说得你不得不信，叫作"富在深山有远亲，穷在闹市无人问"。这方面我是领教过了。记得我在职时，不少亲戚来托我办事，带点乡下土特产，还说了许多好话，看似很重亲情，其实还不是因为我在位有点小权，能够为他所用。可是我退居二线，特别是到龄退休后，我的"利用价值"没了，有的亲戚马上就对我另眼相看。人们常说，每逢佳节倍思亲，而我的孩子常年不在身边，逢年过节不免有点冷清。按照常理，家族中的一些晚辈总该主动打个电话，关心问候一下吧，但我这样的主观愿望常常落空。现在联系方式很多，电子邮箱、微信微博、固话手机等，应该说非常方便，联系不是问题。那为什么有些亲属晚辈不愿给点关心、问候呢，难道他们连这点礼节礼貌都不懂？我分析，恐怕就是因为现在的我已不能为他们所用了。

亲情的重要性是显而易见的。那么，怎样维系亲情，让亲情始终"保鲜"且不断加深呢？我以为需要做到以下"几多"。

1. 多给予理解。现代社会竞争激烈，工作节奏比较快，各方面压力比较大。作为长辈，对孩子要给予充分的理解和体谅。而小辈们对年纪大的也要理解和包容，他们年龄大了，体质差了，反应慢了，许多方面难免力不从心。理解应该是双向的，遇到问题首先要换位思考，多为对方着想。只有这样，亲情才有牢靠的思想基础。

2. 多给予信任。亲人之间一定要互相信任，切忌互相猜疑。彼此不信任，总是疑神疑鬼，担心对方算计自己，这是最容易伤感情的。试想，如果一家人连基本的信任感都没有，起码的亲情荡然无存，怎么能在一起生活呢？

3. 多给予赞扬。日常生活中，即使是至亲之人，也难免存在习性、认知上的差异。面对这种情形，亲人之间要多一些鼓励，多一些赞扬，绝不能吹毛求疵。亲人相处，要看到亲人的长处和优点，多说肯定、赞同的话，不说或者少说贬损、否决的话，多说容易接受的话，不说或者少说难以接受的话。可以说，亲人之间多给予赞扬，是维系亲情、加深亲情的重要环节。

4. 多给予关怀。为什么亲人之间有亲情？就是因为朝夕相处，相濡以沫，在互相关怀中加深了感情。因此，记住亲人的需求，了解亲人的习性，抚慰亲人的情感，多一点温馨，多一分关爱，多一些祝福，亲情才能历久弥新，日益亲密。

我感悟到：血浓于水，千真万确。

第十三节　人生爱情

　　爱情是美好而又神圣的，是发生在两个人之间且容不下第三个人的一种感情。人的感知、感性，决定了亲情、友情、爱情三者都十分宝贵，都非常值得珍惜，但不容忽视的是，爱情往往更重要、更难得。

　　人生一世，与谁生活在一起的时间最长？一般说来，应该不是父母，也不是子女，而是爱人。在人类的情感世界中，爱情是表现最强烈的一种感情，应该是天长地久的一种感情。只要是正常人，都把爱情看作自己生命中不可缺少的重要组成部分。

　　爱情是浪漫的，也是严肃的，又往往是充满着悲喜交加的人生活剧。古今中外，有关爱情的故事层出不穷，其中著名的小说、戏剧，如《傲慢与偏见》《简爱》《罗密欧与朱丽叶》《梁山伯与祝英台》《牡丹亭》《孔雀东南飞》等等，曾经吸引和感染了无数善男信女。

　　爱情与亲情、友情的最大区别，在于爱情是婚姻家庭的基本要素，是孕育生命、繁衍后代的重要前提。男女双方由于爱情的萌生而结合，组成家庭，生儿育女，人的生命得以不断延续，促进经济社会不断发展。

　　爱情在社会生活中占据着很重要的位置，涉及社会安定团结，涉及经济持续发展，涉及精神文明建设。在社会活动中，经常听到亲朋好友在议论谈情说爱之事，打开电视经常看到爱情故事情节，特别是《今日说法》栏目经常播放因情感变化而产生犯罪现象的节目。

当今社会，为什么离婚率那么高？为什么许多贪官养起了"小三"？我感到，最根本的原因是道德的缺失。有些家庭在困难条件下能相安无事，而经济条件好了，夫妻反而要分道扬镳，这种现象奇怪吗？不奇怪！因为有些人财富翻番，却道德滑坡了；有些女人嫌贫爱富，不要人格了；有些人婚姻出轨，夫妻反目了。这种种现象都说明一个问题，那就是他们不懂得什么是爱情，也不配拥有真正的爱情。

纵观世间夫妻，无一不是因性而结合，因爱而发展，因情而长久。这个情，就是亲情、恩情与爱情。这个情，源于他们在长期相濡以沫的日常生活中的相互关爱，是任何物质利益和名利引诱都不能替代的。因此，有人这样说，人生一世，有什么也不如有个好伴侣，没什么也不能没个好晚年。妻子是丈夫生命中的最后一个观众，丈夫是妻子人生中的最后一张存折。所谓"最后一个观众"，是指一个男人的一生不管怎样度过，真正看到你人生谢幕那一刻的不是别人，而是你的妻子；所谓"最后一张存折"，指的是一个女性步入老年之后，尽管可以五世同堂，儿孙绕膝，但真正能够无怨无悔奉陪你到生命最后一刻的不是别人，只有你的丈夫。这段话，值得我们认真思考和回味。

这里说说我的爱情人生。我的爱人顾海英，她不是什么高才生，也不是什么富贵人家出身，是一个很普通、很淳朴的女子。我们不是自由恋爱，我们之间也没有什么浪漫的罗曼史。与那个年代许许多多的人一样，我们是经过关心我们婚姻大事的人介绍认识，相知相恋而成为夫妻的。记得结婚后，我在部队，她在县城服装厂做缝纫工，分居两地多年。那么，为什么我们能相亲相爱几十年？关键是我们都认识到，我们俩能在茫茫人海中相识相恋，并成为夫妻是多么不容易，因此一定要珍惜爱情，懂得相互关爱。虽然我们在有的问题上有过意见分歧，也曾经发生过一些争执，但我们相互之间没有谩骂过，没有发生过大的冲突，更没有发生过动手打人的现象。这是我们夫妇相伴半个世纪值得骄傲自豪的。

我不会唱歌，可我对歌手陈星的一首《牵手观音》很感兴趣，因为这首歌的歌词唱出了我的心声。歌词中写道："牵着你的手，跟着我走，不知不觉又过一春秋。多少苦与乐，你常伴我左右，你我这一生有几多欢愁。拉着你的手，扶着你走，不知不觉你我白了头，看着你的脸有相同的皱。共度这一生任时光悠悠，就这样慢慢地陪着你走，就这样慢慢地陪你到白头。传说中的来生到底有没有，我愿下辈子再牵你的手。"

我感悟到：这首歌的歌词写出了许许多多一生相伴的夫妻之爱、恩爱之情，这是人世间的真正爱情。所谓夫妻相濡以沫，白头偕老，从根本上讲，就是要珍惜爱情，不离不弃，互相关照，彼此包容，有难同当，有福共享。显然，这就是我们应当遵循的爱情观。

第十四节 人生友情

友情是什么？友情是人与人之间在相处过程中，由于情投意合而逐渐建立起来、相互难以割舍的一种特殊关系。友情体现在多个方面，包括师生情、同学情、战友情、老乡情、同事情、朋友情、师徒情，等等。

一、建立友情的基础

人的友情是在相处交往中建立的。人与人之间能建立真挚的友情，是基于诚信、尊重、友善、包容、自律。

他人为什么愿意与你打交道、交朋友？我想无非是有这样几个方面：

1. 你身上有值得他学习的东西，对他来说有帮助、有价值。

2. 他在与你相处时，可以从你这里获取许多信息，有助于开阔视野、拓宽思路。

3. 你能耐心地倾听他的诉说，并且能不时发表中肯的见解。

4. 你对他是尊重的，认可他的人品、能力、智慧。

5. 他在与你的接触中，能感受到你给他带来的快乐。

6. 你愿意为他排忧解难，但不会轻易给他增添麻烦。

二、建立友情的方法

友情，一般是通过相处时说、听、问等方面的过程逐步建立的。说、听、问把握得好，增进了互相了解、互相信任，方能建立比较好的友情，使彼此成为真朋友、好朋友。

1. 说。与人交谈，一定要直率坦诚，实事求是，说真话，说心里话，不说或少说模棱两可的话，同时要注意说话的方式方法，让对方感觉到你这个人可信可靠，不是虚伪狡诈之人。

2. 听。对于对方发表的意见建议，要耐心倾听，使对方感到你是懂得尊重人的。在倾听过程中，要有针对性地做些分析，给予积极中肯的评价，而这些分析、评价有助于完善他的意见建议。这样他就会对你有所依赖，就会感到你这个朋友值得交往。

3. 问。朋友之间理应坦诚相见，但相互询问时还是要注意社交圈的"游戏规则"尊重对方隐私，顾及对方颜面，不要钻牛角尖，更不要问有些不该问的问题。

三、友情建立后的巩固和发展

人与人之间一旦建立了友情，应当十分珍惜才是。几十年间，从部队到地方，我曾经结交了许多朋友，与不少人建立了真挚的友情，我对此十分珍惜，将这些友情视作我人生中一笔宝贵财富。就说战友情谊吧，尽管我离开部队30年了，但我经常想到曾经关心培养我的部队首长，想到曾经朝夕相处、患难与共的战友，至今与不少分别三四十年的战友仍然保持着联系。多年来，我常特地或顺便去拜访一些首长和战友，也有不少战友来南通海安看望我，战友相聚，其乐融融，大家在一起，总有说不完的话、叙不完的情。最近几年，有了微信这个平台，我们之间的联系就更多、更便捷了。去年下半年，为了方便战友联络，我和上海籍战友张永林商量，打算建一个以原在一〇三团政治处工作过的战友为主体的微信群。可以说，我们俩在许多方面都不谋而合，相当默契，比如，我们一致同意将微信群命名为"珍惜"，一起商量吸纳哪些战友加入"珍惜"微信群，一道提出微信群要遵守的基本规则。经过我们俩的协调和运作，没有多长时间，从将军到士兵，咱"珍惜"群就有50多名战友应邀加入。此外，还有分别以不同连队、营部战友为主体的战友微信群好几个。大家在微信平台上畅谈往事，互通信息，共叙友情，非常开心，进一步增进了战友感情。

　　我感悟到：人生难得知己，友情一旦建立，务必十分珍惜。

第十五节　人生事业

　　每个人都应该拥有自己的一份事业，事业是人生最重要的组成部分。

　　人生最重要的是什么？有的人会说事业最重要，一个人如果没有事业，家庭幸福就无从谈起。有的人会说家庭最重要，没有幸福美满的家庭，其他再多又有什么意义？其实，事业与家庭是相互联系的，两者都重要，缺一不可。事业与家庭为什么都重要？因为没有事业，不仅实现不了人生价值，家庭也没有相对稳定的物质基础，有了物质基础才能建立一个幸福美满的家庭。显然，没有事业，就难以建立起幸福美满的家庭。从另一方面讲，如果没有幸福美满的家庭，要想干一番事业势必困难重重，事业就很难获得成功。

　　事业与家庭的相互关系是我们每个人都不能回避的话题，这两个方面都是我们在人生历程中必须面对的问题，也是必须处理好相互关系的问题。在现实生活中，这两个方面的关系没有处理好的人大有人在。我以为，这两者之间既相互矛盾，又相互统一。说矛盾，主要是在精力、时间安排上有时发生冲突；说统一，两者相辅相成，两者关系处理好了，人生价值才算实现了。

　　怎样处理好事业与家庭的相互关系？在很大程度上，关键在于家庭的主要成员要互相理解、尊重、支持。人们常说，一个成功者的背后一定有一个支撑他的贤内助，这贤内助是家庭的根基，是事业的脊梁，有了根基和脊梁，才能奠定幸福美满家庭的基础；有了根基和脊梁，事业的成功才有坚强的后盾。

一般而言，人生要成就一番事业，要具备以下几方面的基本要素。

第一，要具备一定的知识。知识就是财富，现代社会是知识经济的社会，没有知识就没有"底气"，是不可能干出一番事业的。即使原先有一定的知识积累和储备，也不能满足现状，必须学习，学习，再学习，持续不断地"充电"，实现知识的更新，适应时代对知识结构的新要求。

第二，要充分发挥自己的优势。开拓事业，必须扬长避短，做自己擅长、懂行的事，充分发挥自己的优势特长。一哄而上，模仿别人，千军万马挤在一根独木桥上，是商家的大忌。做别人做不了的事，做自己具备优势的事，才能异军突起，出奇制胜。但凡自己不擅长、不懂的行业，最好离得远些。

第三，要重视和依靠团队力量。现代社会竞争激烈，关键是人才的竞争。要实现事业的成功，必须注重选人育才，延揽一批志同道合的创业精英，悉心培育一支有战斗力的优秀团队，凝心聚力，众志成城，努力打开创业创新的新天地。

第四，要适应互联网时代。互联网的出现，是改变人们思想观念、思维方式的一场重大革命，所产生的影响是极其深远的。要成就一番事业，就必须与时俱进，学习互联网知识，了解互联网功能，掌握互联网方法，真正适应互联网的新时代，紧跟经济全球化的发展趋势。

第五，要有良好的心理状态。事业的成功，离不开良好的心理素质。既要锐意进取、敢为人先，又要勇于面对挫折、不言放弃；既要抓住机遇、能谋善断，又要集思广益，善于听取不同意见，不固执、不轻率、不自卑、不嫉妒、不贪婪，始终保持积极稳健的经营风格。

第六，要经得起市场经济的考验。市场经济是一把双刃剑。要自觉遵守国家的法律法规，诚实守信，合法经营，绝不搞歪门邪道。同时要坚决抵御各方面的诱惑，洁身自好，拒腐防变，做到"出污泥而不染"。

　　我感悟到：事业是建立幸福家庭的基础，家庭是事业成功的坚强堡垒。如果我们每个人的事业都能成功，家庭都能和谐幸福，我们的国家、社会也就和谐、进步、发展了。

第十六节　人生得失

达摩祖师说过"得失从缘，心无增减"大意是，一个人如果能做到不计较得失，苦恼自然会消于无形，心胸开阔，淡定自如，真正达到快乐幸福的境界。诚然，并非人人都能做到这一点，如果暂时还没有这种境界，但能经常琢磨这句话，心境也会与一般人大不一样。

仔细想想，人的一生，有得有失，不就是总在得失之间吗？生就男儿身，便失去了女儿态；得到了成熟，就失去了天真；选择了某种职业的艰辛，就体会不到另一种职业的责任；拥有了喧嚣的城镇，就丧失了寂静的山村；有了安全的港湾，就没有了求索的漂泊；想要小溪的清澈，就看不到大海的磅礴⋯⋯

从某种意义上说，失去也意味着一种得到。磨炼可以换来成长，辛勤必然带来收获，泪水领略人生百味，挫折引领成功之路，遗憾又不失为另一种美丽⋯⋯仗义疏财，得到的是人心；肝胆相照，得到的是知心；淡泊名利，得到的是安心；清心寡欲，得到的是舒心。

因此，如果常想想"得失从缘"，心态自然会平和。我们在遇到挫折和不幸，或遭到不公平待遇时，若能用"得失从缘"来化解自己的心结，不失为一个好的药方。中国有个典故，叫作"塞翁失马，焉知非福"，这是蕴含着辩证法因果关系的一个故事，充分说明祸福、得失在一定条件下是相互依存、相互转化的。

　　我在部队工作期间，有一位当过连队指导员的战友，后来到团司令部任政治协理员，他虽然还算不上是做思想工作的高手，但他经常用朴实无华的话语引导战士，他曾这样说："一事当前，不能仅考虑自己，仅考虑自己，最终就会没有了你自己。这句话很有辩证法，我一直记在心上。大量事实证明，我们每个人在现实生活中，如果总是为自己着想，这样的人会失去灵魂，失去亲情，失去朋友，甚至会失去一切。

　　现实生活中，有关得与失的实例不胜枚举。有些人不择手段牟取私利，看起来得到了财富，但失去的是良心、口碑；有些人违法犯罪，得到的是钱财、一时的兴奋快乐，被判刑关进监狱，失去的是人身自由和尊严；有些贪官大权在握，似乎风光无限，一旦以权谋私、贪赃枉法的丑事暴露，他一定会悔不当初，不仅葬送了自己一生的努力，还毁了家庭、害了子女；有的企业老板不按合同办事，经常拖欠人家的货款，好像是占了"便宜"，但客户会渐渐远离你，失去的是企业信誉；在官场，有的官员不择手段往上爬，给领导送礼送钱，得到的是官位高了点，但背后被人"戳脊梁"，就会失去人格和威信；还有不少家庭发生矛盾纠纷，也是因为不懂得互相谅解，图一时的脸面争高低，最后失去的是亲情。大千世界，得与失的利弊关系一目了然，可不少人就是搞不明白，或者根本不想搞明白。

　　结合我的亲身经历，在人生得失上也是非常有感慨的。工作期间，我因为坚持原则，曾经得罪了少数领导，虽然一度失去了他们对我的所谓"信任"，但我保持了做人应有的尊严，堂堂正正做人有何不好？我爱人由于所在企业经营不善，被安排提前下岗，爱人为此失去了工作，家庭收入相对减少了，但她把时间和精力花在操持家务上，把我的生活起居安排得妥妥帖帖，使我得到了更多的关心照顾，能集中精力做好工作；退居二线时，虽然最后领导没有给我明确应有的职级，失去了应有待遇，但我得到了接任领导的肯定，赢得了群众良好的口碑；我提前退居二线，失去了为党和人民继续做事的机会，但为培养年轻干部做了一份贡献，同时，自己还得到了提前修身养性。可见，得到固然值得庆幸，失去未必都是坏事，世间的人和事，充满变数和无常，祸福相依，历来如此。

总有人长吁，说自己得不偿失；也总有人短叹，认为好事常常与自己失之交臂。其实，人生在世，顶天立地，秉承天地之精华，就是一种莫大的得；而人的一生，坎坎坷坷，不如意事常八九，则是一种无奈的失，不必过于伤感。诚如《圣经》上说的，当上帝为你关上一扇门的同时，必会为你打开另一扇窗。所以，人生真的不必太计较，不必刻意去算计，只要去体验就好。我们理应正确认识人生过程中的得与失，千万不要为世事患得患失。

我感悟到：舍得舍得，有舍才有得。人生得失寻常事，什么都想要，最终反而什么都得不到。这就是我们常说的唯物辩证法。

第十七节　人生承受

在五彩缤纷的世界里，人们总是希望万事如意，百事遂心。在自己追求的事业中，人们常幻想一帆风顺，心想事成。然而，我们所面对的世界，既有晴天丽日与鲜花芳草，又有狂风暴雨与荆棘泥潭。在某种程度上，人生是一个承受的过程，你支撑起多少重量，就要承受多大压力。

人的一生，有太多的东西需要我们去承受，承受阳光，承受风雨，承受快乐，承受挫折。善于承受，就是拥有一种生存的智慧。我们应当学会承受。

我归纳了一下，需要我们承受并且具有共性的，大致是以下一些方面。

一、承受委屈

所谓"大丈夫能屈能伸"，说的就是做人要能够承受委屈。社会能磨砺一个人，在融入社会的过程中，我们大多会尝到委屈和心酸的滋味。试想，人一辈子哪能不受一点儿委屈和误伤呢？一个人如果受不得委屈、经不得"误伤"，这不仅有碍身心健康，也是不利于成长进步的。可以说，承受委屈的能力也是衡量一个人成熟与否的重要标志。

说实话，在我的职业生涯中，由于坚持高标准、严要求，坚持照章办事，确实得罪过一些人，有的人不理解，对我产生了怨恨，我一度感到很委屈、很郁闷。但我反思之后，自认为这是对事不对人，是对工作负责，是"在其位谋其政"，特别是了解到绝大多数同志认为我这样做是正确的，大家都表示支持我，这使我深感欣慰，觉得承受这点委屈是值得的，因为我没有辜负党和人民的期望。

我感悟到：承受得住委屈的生命，就有了能屈能伸的坚强韧性，就有了积极健康的良好心态，就有了战胜各种困难的不懈动力，而这样的生命是压不垮、折不断的。

二、承受压力

当前，我们所处的是一个竞争的社会，无论在竞争中获得成功还是遭受失败，人人都要承受压力。一个人要想做成自己的事，必须面临各种竞争压力的考验，谁也逃脱不了这种压力的束缚。

我认为，压力具有两重性。有的人承受不了压力，在压力下消沉了、颓废了、被压垮了。但有的人则不惧压力，把压力变成动力，越挫越勇，进而战胜压力。大庆铁人王进喜有句名言，叫作"人无压力轻飘飘，井无压力不喷油"我们在工作中也常听到这样一句话：没有压力就没有动力。压力往往能使人产生奇异的力量。思想上的压力，甚至肉体上的痛苦都可能成为精神的兴奋剂。当然，这些都取决于人们能否正确看待面临的压力。

那么，我们怎样学会承受压力、怎样积极释放压力呢？有效的方法是：1.健康的开怀大笑是消除压力的最好方法，也是一种愉快的发泄方法。2.沉默有助于降压，在没必要说话时不如保持沉默，听别人说话同样是一件惬意的事。3.轻松的音乐有助于缓解压力，用音乐来对付心绪不宁。4.阅读书报是最简单的轻松消遣方式，有助于缓解压力，还可使人增加知识与乐趣。5.学会一定程度的放松，对工作统筹安排，从而能劳逸结合，自在生活，等等。

三、承受考验

人的一生中，总要经历许多考验，承受各种考验。这些考验如影随形，反映着我们的喜怒哀乐，伴随着我们前进的步伐。有的考验成功了，我们为此而快乐，有的考验失败了，我们不由得悲伤，但不管怎样，这些考验引发了我们的思考，磨炼了我们的意志，使我们不断成熟，茁壮成长！

我刚到部队时，觉得啥事只要肯干就行，想法比较简单，思想政治觉悟不够。后来班排长找我谈话，提醒我要写《入党志愿书》，我感到这就是党组织对我思想上、政治上的考验，是教育和提醒我按照党员标准来要求自己。在部队服役的十多年间，每逢遇到急难险重的任务，能否不怕苦累，战胜困难，努力完成上级赋予的艰巨任务，对我无疑都是严峻的考验。转业到地方工作之后，在经济体制深刻变革、社会结构深刻变动、利益格局深刻调整、思想观念深刻变化的历史条件下，我们各级干部既要抓好经济社会发展，着力改善民生，又要过好权力关、金钱关、美色关，做到拒腐蚀、永不沾，可以说每时每刻都经受着各种考验。总之，人生必然面对许多考验，就看我们是否能承受住。

我感悟到，要能承受住各种考验，必须不断增强遵纪守法意识，切实提高综合素质能力，始终保持良好精神状态。

四、承受风险

用一分为二的观点看问题，做任何事都有利有弊，不可能都一帆风顺，皆大欢喜。我们常说机遇与风险并存，指的就是在看到发展机遇的同时，必须清醒地看到潜在的风险，未雨绸缪，积极谋划，增强承受风险的预见性、前瞻性和科学性。

如何对待风险，有两种情况需要防止：一是看不到可能存在的风险，盲目乐观，好大喜功，缺乏承受风险的必要准备，一旦遇到风险又往往惊慌失措。二是对有利因素估计不足，过分夸大风险，总是前怕狼后怕虎，优柔寡断，犹豫不决，以致抓不住机遇，不敢承受风险，什么事情也干不成。

无数事实告诫我们，凡事预则立，不预则废。我们要成就一番事业，就应充分把握事物的有利因素，科学预判各种不利因素，加强风险评估和风险管控，抓住机遇，勤于思考，用好机遇，大胆探索，精心研究解决问题的方法和途径，不断提高承受风险的能力和水平，努力推动工作迈上新台阶。

五、承受失败

人的一生中，有欢笑，有悲伤；有喜悦，有沮丧；有成功，也免不了有失败。一个人不管有什么样的经历，他们或是成功，或是失败，这是很正常的。我们每个人都要学会承受磨难，勇于承受失败，经受得住失败的考验，让自己变得更加成熟和坚强。

承受失败是人生觉悟的开始。生活的强者必是敢于直面人生的勇者。失败并不可怕，失败后不总结才是最可怕的。对于一个懦弱的人来说，失败简直就是无底深渊。但是，不经历风雨，怎能见彩虹？不经历失败，怎能见成功？要想成功，就必须学会承受失败。所谓承受失败，是指能及时总结经验教训，百折不挠，锲而不舍。有句话说得很好，叫作"人要学会走路，也得学会摔跤，而且经过摔跤，他们才能学会走路"现实生活就是如此。前些年，中国女排一度陷入低谷，在国际大赛中经历了无数次的惨败，但她们毫不气馁，卧薪尝胆，抱着定为祖国争光的志向，终于在2016年里约奥运会上创造了重夺冠军的辉煌成绩。

我感悟到，失败或许是人生的常态。我们要理性地看待失败，不惧失败，振作精神，善于从失败中汲取必要的经验教训，真正做到：成功的时候保持应有的冷静，珍惜成功来之不易，不被成功的喜悦冲昏头脑；失败的时候不灰心，不抱怨，牢记"失败乃成功之母"，不懈努力，奋发图强。

六、承受责任

所谓责任，就是一个人分内的事情。人这一辈子，所要学习的东西很多很多，其中学会承担责任，是我们成长过程中不可或缺的一个重要步骤，是人生旅途中非常重要的一堂必修课。

在人生的道路上，每个人扮演着不同的角色，但都肩负着相应的责任。角色不同，身份不同，责任亦有所不同，但每个人都有不可推卸的责任。责任的基本特点，就是它是客观存在的，不能依照个人的意愿而进行更改。比如，如果从事人民教师这个职业，那么教书育人就是你的责任；如果选择当一名医护人员，那么救死扶伤就是你的责任；如果一旦投身军营当兵入伍，那么保家卫国就是你的责任；如果有幸成为一名党政干部，那么为老百姓说话办事就是你的责任……"责任重于泰山"，这句话形象地说明了责任的分量。

西方有句谚语："人生的价值在于不断地承担责任。"我感悟到，责任具有多重性，学习的责任、工作的责任、家庭的责任、社会的责任，这些都需要我们正确认识和承受；而对于自己从事的职业、扮演的角色，更应当不断增强责任意识，要有使命感、光荣感、责任感。可以这样说，敢于承受责任的人，才是一个有理想、有道德、有文化、有纪律的人，才真正具备了做人的应有品德。

七、承受痛苦

人的一生，很难保证永远相安无事。尽管我们平日经常用"祝你健康快乐"之类的话语相互表达祝福，但灾难和痛苦还会不时降临到芸芸众生身上，如失去亲人、感情重创、事业受挫等等。要想抚平心灵的创伤，顺利走完人生道路，我们都必须学会承受痛苦。

痛苦是我们一生中都要经历的。每个人的人生观、价值观不同，所承受的痛苦以及对待痛苦的态度也各不相同。有些人把痛苦和不幸作为退却的借口，也有些人在痛苦和不幸面前寻得复活和再生。只有勇敢地面对不幸，承受痛苦，我们才能真正成为自己命运的主宰，才能提升自我生命的价值。君不见，烦恼总是与欢笑结伴而行，不幸和灾难总是与成功患难与共。在这个世界上，没有痛苦，人就只能有卑微的幸福；没有痛苦，人的心灵永远都无法成熟。

实践表明，痛苦是我们人生的无价财富。当痛苦降临在我们头上时，我们要敢于承受痛苦，而不要一味地抱怨生活，因为那样反而有可能使我们在痛苦中迷失方向，沉沦堕落。一个挑战都不敢接受的人，一个痛苦都不能承受的人，永远都不可能获得成功，永远都不可能实现人生价值。积极的态度是化痛苦的力量为前进的动力，负"痛"前行，在痛苦中不断磨炼自己的意志，勇敢地搏击风浪，在默默的承受痛苦中不断提升自我的人生价值。

八、承受鄙视

在为人处世方面，我们都期盼人间自有真情在，渴望一份真感情，希冀社会和谐、彼此友爱。在我的人生经历中，也确实遇到了许多好领导、好战友、好同事，我至今感念部队首长和各级领导对我的培养教育，至今难忘昔日战友和许多同事曾经给予我的关心帮助。想到这些，我都感到很亲切、很舒心、很温暖。

但是，鄙视他人、"狗眼看人低"的现象有没有？我认为是有的，而且屡见不鲜。比如，有的人当了领导干部，就摆出一副"官架子"，居高临下，盛气凌人，鄙视普通百姓，把人民群众的冷暖疾苦根本不放在心上。有的人觉得自己是老板，事业有成，财大气粗，就自以为了不起，往往得意忘形，口出狂言，鄙视客户，鄙视同行，鄙视属下。有的人因为出身于豪门，俨然以"红二代""官二代"自居，凭借与生俱来的优越感，骄傲自满，孤芳自赏，鄙视普通家庭出身的战友或同事。有的人"一阔就变脸"，陡然忘却了自己是从哪儿来的，翻脸比翻书还快，立马疏远曾经患难与共的战友或同事，嫌弃人老珠黄的"糟糠之妻"，鄙视那些"官运""财运"不如自己的人。有的人生就一双"势利眼"，对于有"利用价值"的人奴颜婢膝，曲意奉承，而对于退下来的老领导、老同事，往往不屑一顾，极尽鄙视之态，等等。以上这些现象的发生，原因可以说是多方面的，我们一定要淡然处之，没有必要为之想不开。

在市场经济的条件下，遇到类似的种种鄙视并不奇怪。我感悟到，如何承受鄙视，一是要增强自信心，他人鄙视你皆因偏见，并不是你不好。二是要有志气，绝不能受到鄙视而灰心丧气，振作精神，做最好的自己。三是要有宽广的胸襟，把一切不愉快都看作"没什么"，从容自如，言行如常。四是要不卑不亢，见到不如自己的人不要看不起，见到比自己强或有钱的人也不要自愧不如、看低自己，要把注意力放在提升自我修养上。五是笑对人生，面对世事沧桑，要相信阴云总要散去，光明终将来临。让我们把鄙视当作指路的明灯，用心走好还很长的未来之路。

第十八节　人生养成

　　我这里讲的养成，是指通过人生历练和不断学习，逐渐提升自身素养，培养基本品行的过程。一个人最终会成为什么样的人，很大程度上就看这养成能否到位，是否养好。我感悟到：人生养成，不仅是评价一个人人品好坏的重要标准，更关键的在于，人生养成是家庭幸福、事业有成、健康长寿的秘诀。

　　人生养成，贵在以下 10 个方面。

一、养德

　　德是品德、道德、德行。我国早在公元前，《周易》就提出了厚德载物的理念。做人以德为先。"德"是做人的基本要求，反映一个人的品位和素质，体现在人的言行举止中。看一个人的德如何，就要看他是否严以律己，是否关心他人，能否把做人与做事的关系处理好，这是检验一个人道德品质、思想境界如何的分水岭和试金石。

　　养德，就是要养成给予的良好品德。对于老人长辈，要奉行孝敬之道，让他们安享晚年幸福；对于有困难的人，要给予力所能及的帮助；对于行走不便的年老体弱者，要给予礼让和帮扶；对于想做事、但条件有限的人，要给予信任和必要支持，让他们锻炼成长；对于值得学习的人和事，要给予赞颂和鼓励，弘扬积极因素；对于有意见分歧的人，不直面批驳，要给予宽恕和理解；对于不太懂事的晚辈，不要计较，要给予教育和劝导；对于残疾人，要给予足够的尊重，注意维护他们的尊严；对于曾经关心帮助过自己的人，一定不能忘记，要给予感恩报答。这些都是厚德，民间称之为"积德行善"

养德是一个长期、渐进的过程。从根本上说，就是要培养爱心、善心和事业心，树立良好的社会公德、职业道德和家庭美德。为此，我们要着力从道德认识、道德情感、道德意志、道德信念、道德行为等方面入手，坚守慎独，注重修养，见贤思齐，分辨荣辱，不断提高道德认识水平，自觉践行社会主义核心价值观，为培育和发展社会主义新风尚做出应有努力。

二、养情

情是情感、情分、情谊。心理学告诉我们，情感是人对客观事物是否满足自己的需要而产生的态度体验，表现为人的喜怒哀乐。一个心智健全、有责任心的人，必定是一个重感情、讲感情的人。

情感在人类社会活动中具有十分重要的作用。亲情、友情、爱情，是人类情感的基本表现。以亲情、友情和爱情为纽带，彼此重视和珍惜情感，人与人之间就能相互理解，相互尊重；社会就能和谐稳定，单位就能团结协调，家庭就能幸福快乐。

对于我们每个人而言，所谓养情，就是要培养良好健康的情感，能正确恰当地表达自己的情感，做到看重友情，感念情分，珍惜情谊。当然，感情用事是不可取的。

三、养志

志是意志、志向。北宋著名文学家苏轼说过："古之立大事者，不唯有超世之才，更有坚韧不拔之志。"但凡有理想、有追求、有抱负的人，都会懂得立志的重要性和必要性。养志是立志的基础，它影响着每个人的世界观、人生观和价值观。

有志者事竟成。一个自强不息的人，一定是胸怀大志的、有明确的奋斗目标，他懂得自己活着是为了什么，知道自己怎样做是正确的、有用的。有了明确的奋斗目标，也就产生了前进的动力，就有了热情和积极性，有了使命感和成就感，不再被许多繁杂的事所干扰，干什么事都显得成竹在胸。在现实生活中，有的人之所以迷茫，归根结底是没有远大的志向和为之奋斗的明确目标，只能听天由命，叹息茫然，他们不可能有事业的成功，更无从谈起实现人生价值。

养志的目的在于树立正确的人生目标。我们既要反对胸无大志、玩物丧志的倾向，也要防止志大才疏、好高骛远等不切实际的做法。养志，首先是要从小开始，学习正确的人生观和世界观，养成良好的品质和精神。其次是要确定符合个人实际的人生志向，坚持走正道，不迷失方向。最后是要培养自己的意志力，心气和顺，绝不彷徨，坚定实现人生志向的信心。

四、养心

心是人体最重要的器官，通常表现为心情、心态、心胸、心境等。何谓"养心"？《黄帝内经》认为是"恬虚无"，即平淡宁静、乐观豁达、凝神自娱的心理状态。对于我们每个人来说，要塑造健全的人格，就必须注重养心，把心理状态调适好。

人的一生，必然要与许多人和事交集，而不如意事常十之八九，难免会听到难听的话，看到看不惯的事，碰到难以相处的人，这就需要"大智慧"，要求我们用心去思考对待，稳定情绪，不烦不燥，努力保持良好的心理状态，有宽阔的胸襟。反之，我们若是忧思、焦虑、愤怒、悲伤，这样不仅影响身体健康，也妨碍工作学习。实践告诉我们，养心不仅是强身防病、健康长寿的基石，更是拥有心理平衡、保持良好心态的重要方法。

养心是一个系统工程，大致要做到"三要""三看""三多"。"三要"：一是要学会放弃，不该自己的坚决不要，欲望过高，心态就会失衡；二是要知足常乐，千万不要盲目地与他人攀比；三是要有宽容之心和超然的境界，遇到不顺心的事要想开些，并且学会忘记。"三看"：一是烦恼的事要看开点；二是悲喜之事要看远点；三是名利地位要看淡点。"三多"：一是要多做好事、善事、有意义的事；二是要多换位思考，为自己着想的同时也要为他人着想；三是要多交知心朋友，及时交流化解各种矛盾及烦恼，使自己始终保持一个良好的心态。我感悟到：心态好，状态好，精神好，也就有了美好的人生。

五、养诚

诚是诚信、诚实、真诚。顾名思义，养诚，就是要培养诚实守信的良好品质。可以这样说，诚信是一个人的立身之本，是彰显文明水准的重要标志。一个人不可能没有缺点，但不能没有诚信，一旦失去了诚信，做事不诚实，待人不真诚，就将寸步难行。

诚信是中华民族的传统美德。它不仅是人类社会几千年来一个老生常谈的话题，同时也是近年来新闻媒体见报率最高的词汇之一。一段时间以来，由于受一些错误思潮的影响，诚信缺失、欺瞒诈骗、假冒伪劣、见利忘义的现象屡有发生，导致了严重的信任危机，有时候好人都不敢做好事了，对社会危害极大。

提高社会诚信度，需要社会各方形成合力。那么，我们每一个公民该如何去做呢？我感悟到，最根本的是要做到"内诚于心，外信于人"，也就是说，要不断增强诚信意识，信守承诺，讲求信用，言而有信，言行一致，人与人之间要真诚相待，诚实戒欺，遵守诚实守信的道德规范，自觉将诚信理念贯穿在社会生活的各个方面。如果人人都能讲诚信，我们的社会就一定会变得更加和谐美好！

六、养友

友是交友、友情、友谊。在现代社会中，我们每一个人的活动半径必然越来越宽，如何交朋友，怎样交好友、交挚友，确实大有学问，尤其需要讲求交友之道。交友之道，贵在养成。

我感悟到，交友之道，很重要的是摈弃功利色彩。在商品经济条件下，不少人为了自己的利益，为了方便找人办事，不择手段地请客送礼，把酒桌上一起碰过杯、歌厅里一起唱过歌的，都当作朋友，还逐渐形成一条朋友链，认为多一个朋友多一条路。显然，这种朋友关系建立在相互利用之上，经不起考验，不可能是真正的朋友。我在工作的几十年中，相处了不少称得上"知己、知心、知音"的好朋友，如王秀和、周金仁、张永林、成秀虎、刘长虹、肖陈忠、张宏明、李军、杨立洪、孙德富等，我与他们恩德相结，肝胆相照，一直保持着深厚情谊。

国学大师南怀瑾在谈到交友之道时曾明确提出，要与品德高尚的人相处，远离无德之人。在现实生活中，我们培养建立的朋友圈、社交圈，应当是能够互相尊重、互相理解、互相信任、互相帮助的那些人。真正的朋友，应当是志同道合的，而不是貌合神离的；应当是肝胆相照的，而不是虚情假意的。某些虚伪、功利、圆滑、奸佞之人，固然不能当面说出来、揭他的老底，也不值得与他们翻脸，但对他们提高警惕、与之保持适当的距离，还是非常必要的，决不能让他们"忽悠"了。

七、养识

识是学识、见识、胆识。一个人要成就一番事业，必须具备一定的学识、见识与胆识。养识，就是要在实践中不断提升和丰富自身的思想认识水平，以适应形势任务的不断变化，更好地承担起自己应尽的基本职责。

学识，主要是指通过不断学习，熟练掌握与工作领域相关的专业知识和技能，为胜任工作打下坚实基础。见识，主要是指善于透过现象看到实质，驾驭主观和客观环境，不断提高认识问题、分析问题、解决问题的能力。胆识，主要是指胆略和魄力，能够深刻把握事物发展的客观规律，心怀坦荡，不计较个人得失，能经受住挫折的考验，勇于应对复杂局面，解决棘手问题。

从根本上说，"三识"既是一种素质和能力，也是一种精神和品格，更是一种对事业的追求、对责任的担当。我们每一个人踏上社会之后，必须不断地学习和积累知识，能正确认识事物的发展规律，站在全局的视野上看待问题、分析问题，不把名利、得失看得过重，不畏惧困难、压力和苦累，努力把本职工作做好。而所有这些，都需要我们在社会实践中长期不懈地学习、汲取、积淀和历练。

八、养趣

趣是兴趣、情趣、趣味，即我们每个人的业余兴趣爱好。养趣，就是要陶冶高尚情操，脱离低级趣味，培养积极健康的日常爱好、个人乐趣和生活方式。

我们生活的空间是一个多彩的世界，总要与人相处交往，总会有一定的喜好与乐趣。严格地说，每个人的业余兴趣爱好，都与一定的世界观、人生观和价值观相联系。一个积极向上、严以律己的人，必定具有高雅健康的生活情趣；而一个热衷于低级趣味的人，他的世界观、人生观和价值观势必好不了多少。

人要想活得愉快，不让自己感到寂寞空虚，就必须注重养趣。第一，要建立志趣相投的朋友圈。大家有共同爱好，互相启发切磋，保持良好心态，提升生活品质。这是人生中十分宝贵的财富。第二，要培养适合自己的情趣。琴棋书画、唱歌跳舞、体育锻炼等等，大可因人而异，但要会玩，千万不要除了工作还是工作，更不能把自己封闭起来。特别是人到老年，一定要学会安排好自己的晚年生活。第三，要坚决远离"黄、赌、毒"。"黄、赌、毒"是败坏社会风气、诱使人们犯罪的源头，我们必须对此保持高度警惕，谨慎交友，洁身自好，自觉抵制各种不文明、不健康的精神垃圾的侵蚀。

九、养爱

爱是包容、关怀、善良。我感悟到，人与人之间，学识能力可能有差异，但都必须学会包容，懂得关爱他人。养爱，就是做人要有爱心，着力培养仁爱精神，乐善好施，助人为乐，关心他人比关心自己为重。

一个文明社会，爱比什么都重要。家庭如果没有爱，就没有和睦和谐和美的生活氛围，就不成其为家庭；军营如果没有爱，官兵一致就没有基础，就不会有很强的战斗力；学校如果没有爱，德智体美劳全面发展就是一句空话，就难以培养社会所需人才；社会如果没有爱，人们尔虞我诈，彼此各不相让，就不可能构建和谐社会，等等。诚如一首歌中唱的那样："只要人人都献上一点爱，世界将变成美好的人间。"

养爱，基础是尊重人、关心人、理解人。在社会生活中，我们都要把握尊重人、关心人、理解人的真谛，注重培育互相包容、彼此友爱的新型人际关系，努力为构建和谐社会做出积极贡献。

十、养本

本是根基、本钱、资本。好比盖楼房，如果不把地基夯实、不把基础打牢，房屋就会容易倒塌；同样道理，做人如果没有根基，就很难在社会上立身。所谓养本，就是要积累做人的"本钱""资本"，打牢为人处世的根基。

那么，人生需要积累哪些做人做事的资本呢？我在实践中感悟到，主要有以下几个方面：一是心理资本。人生面对变幻莫测的大千世界，需要有良好的心理状态。二是情商资本。能调控好自己的情绪，社交能力强，富有同情心，情感生活较丰富但不逾矩。三是形象资本。具有良好的综合素质和人格魅力，在周围人群中威信较高。四是口才资本。善于表达自己的意图，能让人心服口服。五是处世资本。在错综复杂的人和事面前，大智若愚，刚柔相济，能屈能伸，甚至退一步海阔天空。六是社交资本。懂得如何与人相处打交道，比如礼节礼貌、说话语气、表达方式、应变能力等。七是人脉资本。有精诚合作的团队和广泛的人脉关系，左右逢源，善于公关。八是智慧资本。不断地学习充实，谦虚谨慎，思维敏锐，将理论知识与实际经验相结合，正确运用于工作时间之中。

第二章 我的人生路

　　人生之路，是一个说长不长、说短不短的过程。在当今社会，人的一生之路如何走，走得怎样，曾有专家提出，一般要看三个方面：一是看青少年时期的学历；二是看中年时期的阅历；三是看老年时期的病历。

　　我的人生之路，与许多同年代、同年龄的人基本相同，只是经历有所不同罢了。20世纪50年代，新中国成立不久，经过几十年的战乱，国家遍体鳞伤，这是中国经济社会最困难的时期，可谓一穷二白。我的童年是在这样的状态下度过的，60年代初，我国遭遇三年困难时期，后来又发生了"文化大革命"，计划经济的弊端，物资短缺，老百姓的生活相当拮据。这段时间是我的青少年时期，读完了小学和初中。1969年底，我光荣应征入伍，成为一名军人，十多年的军营生活是我人生之路的起步阶段。1978年12月，党的十一届三中全会召开，这是历史的转折，党中央决定把全党工作的重点转移到经济建设上来，我国进入全面改革开放的新时代。从这时期起，我亲身经历了改革开放的30多年，特别是转业到地方后，由于地方党委政府的信任，我身处经济社会发展的第一线，直接参与了改革、发展和稳定的各项工作，应该说感受与收获比很多同龄人更多、更深刻，而这也是我人生路上感悟最多的一个时期。

第一节　岁月篇

　　光阴似箭，日月如梭，岁月似金，人生如梦。漫漫人生路，一岁一枯荣。倏忽之间，一个人就逐渐从童年到少年，再从青年到中年，接着就是老年了。

　　人生处在什么样的年龄段，必然思考与之相联系的问题，专心做该做的事情，这是一般规律。在这方面，我与大家有相同点，也有不同点。

　　与各位朋友有共性的是，我与大家一样，也先后经历了五个阶段，即童年、少年、青年、中年和老年。其中，第一年龄段：1—6岁，称之为童年；第二年龄段：7—17岁，称之为少年；第三年龄段，18—40岁，称之为青年；第四年龄段：41—65岁，称之为中年；第五年龄段：66岁以后，称之为老年。

　　据说，现在还有人把67岁之后的老年阶段又划分为三个时期：1.把67—72岁称作初老期；2.把73—84岁称作中老期；3.85岁以后才能视为年老期。

　　可以讲，在正常情况下，绝大多数人都要经历童年、少年、青年、中年、老年这五个阶段。由于各人所处环境、地域差别等客观条件的影响，以及主观意识的不同反映，往往决定了各人最终的人生道路是大相径庭的。但各人一生之路还是有很多共性的东西，大致有5个特点。

　　1.童年时期（6岁前）一般都具有"三可""三无"的基本特点，

即可笑、可亲、可喜，无知、无忧、无能。这个时期可以称得上是"可爱期"。

童年时期的每个人，沉浸在父母及家人的关爱、疼爱、挚爱之中，过着衣来伸手、饭来张口的幸福生活，这是一生中最快乐的时光。因为这时候少不更事，没有忧愁，基本是无知的，即使说了一句不对的话，也会让家人乐不可支，感到非常可爱。但凡哪家有了孩子的欢笑声，全家都会受到感染，一家人喜气洋洋，呈现出一派欢乐祥和的景象。

童年的我，家在江苏南通地区的海安县城，生活无忧无虑。当地老百姓有一句羡慕城里人幸福的话是这样讲的："三世修不到一个城角落。"我父母生养我比较晚，我家第一个女孩是抱养的，几年后又生养了我姐姐，那时重男轻女思想很严重，我是家里第一个男孩，全家人怎么能不开心呢？当年，家里大人经常把我抱到外面逛马路，熟人见了都会逗我玩。童年的我，在长辈们的呵护下，真是使全家人觉得可笑、可亲、可喜。

但我们应该知道，童年时期的人，尽管无知、无忧、无能，但模仿能力还是有的，父母及长辈的一言一行、一举一动对孩子一生是有影响的，是有潜移默化作用的。家长是孩子的第一位老师。我在这里要强调，作为家长，一定要给孩子做好榜样，要体现正能量，切忌在孩子面前有不文明的言行举止。

在我的记忆里，我父亲在解放前经营了一个粮行。我父亲的名字叫颜盛广，他用了自己姓名的最后一个字，作为自己粮行名称的第一个字，称作"广大粮行"现在海安河边东路还立有一个雕塑，上面写着"广大粮行"四个字。

正因为这个"广大粮行"，使我晚了两年才参军当兵。1968年年初，我应征入伍体检合格，政审时召开的群众座谈会上，有人反映我父亲解放前开过粮行，成分可能是"小业主"尽管接兵干部看上了我，但当时是"唯成分论"的年代，而接兵的是特种兵部队，政审要求很高，说是这个兵种的兵必须是"三代贫农"，才能政审合格通过，以致我这一年没有能如愿参军到部队。现在想起来，这也许就是"命运"吧，如果没有这些情况，我的人生很可能又是另外一回事了。

解放初期，由于连年战乱，农民无法种植，国家普遍缺少粮食，我父亲的粮行不可能再经营下去，只能倒闭。我从我家粮行倒闭的遭遇中体会到：没有国家，哪有小家？我家同样如此。我父亲粮行倒闭后，一家人生活难以为继。在这之前，我祖父母为预防不测，曾用多年积蓄在瓦甸乡买了两亩地。我父亲排行老二，我伯父在海安干得比我父亲好点，三叔在南通建立了家庭。因为我母亲的娘家是瓦甸的，再加上祖父母在瓦甸买了两亩地，于是我父亲决定把全家搬迁到瓦甸乡下种地，认为只要把地种好，就有饭吃。可是，事实并不是他所想象的那样，由于父亲不懂农业生产，到瓦甸农村后并没有把地种好，经济上没有来源，全家的日子一度过得非常艰难。

2.少年时期（7—17岁）。这个时期的特点是"三志""三敢"，即志学、志礼、志事，敢想、敢干、敢当。这个时期可称得上是"可笑期"。

人在少年时期，大多想象丰富，朝气蓬勃，不惧艰难，勇于拼搏，有很多的向往与憧憬，什么都敢想，经常嚷嚷着长大了要当工程师，成为科学家，做企业家，等等，其实许多都只是想法而已。现在年老了，而当年的所谓"理想"很多并没有实现，回忆起来真感到十分幼稚可笑。

少年时期的孩子大多不懂事，调皮捣蛋是常态。有的结伙到邻居家搞"恶作剧"，有的不想读书想去少林寺学武功，有的整天沉迷于网络和游戏，更有甚者寻衅闹事、打群架。这个时期的孩子可塑性很强，家长、学校、社会都要特别重视对他们的教育引导，特别是要把思想品德教育放在首位，千万不能只管学习成绩，放松思想品德教育。要教育孩子懂礼貌、守规矩，引导他们学会如何做一个正直的人，做到不与别人比父母的地位，不与别人比家庭的贫富，不与别人比日常的吃穿玩乐。

少年时期的我，全家从条件比较优越的县城搬到生活艰辛的乡下农村。不久，我国农村先后建立初级社、高级社、人民公社。我已经到了上学的年龄，而我的命运只能是与中国许多农村孩子一样，身处贫穷落后的乡村，进入条件很差的学校读书。

我感悟到：人的命运是与国家的命运紧密联系在一起的。少年时期的艰苦生活，堪称刻骨铭心，当然也磨砺了我吃苦耐劳的坚韧性格，对于我世界观、人生观的形成起到了重要作用。

3.青年时期（18—40岁）。这是一个人的而立之年，其最大特点是"三立，，"三劳"，即立志、立信、立业，劳苦、劳神、劳累。由于劳心劳力，有人把这时期称作"可怜期"。

这个时期，是人生成家立业的最关键时期，怎么能不"三立""三劳"呢？称得上可怜也是情理之中。因为这一时期，大部分已是为人父母，而且往往是上有老，下有小，既要管家中的柴米油盐酱醋茶，又要在职场打拼，面对社会的方方面面，稍有不慎，就会到处碰壁，甚至遭遇挫折。这一时期，除了必须具备应有的知识水平、工作能力外，我们要在社会上站稳脚跟，怎样才能赢得别人的认可，不断取得进步呢？我觉得最基本的要做到八个字，那就是"认真、细致、勤奋、踏实"。

处于青年时期的我，"三立""三劳"体现得尤为突出。因家境相当贫困，只能辍学回乡劳动，在生产队里挣工分、分粮食。确立志向，坚定信心，成家立业，在我心中已经初步形成，且有实际行动。比如，我独自一人挖土，做砖头坯，然后去砖窑厂换砖头，帮助家里翻修住房。我不到20岁，就跟着大劳动力的人，一起去参加兴修水利，那时特别能吃苦耐劳，期望通过自己的劳动，改善家里生活，改变原先的贫穷状况。

1969年年底，我光荣地应征入伍，开启了为期18年的军旅生涯。18年间，在部队这所大学校、大熔炉里，我努力践行以上八个字，做到"认真、细致、勤奋、踏实"。在部队各级首长的培养教育下，入党提干，逐步养成了不怕苦累、坚忍不拔、团结同志、雷厉风行等极具当代军人特点的基本素质。1986年年底，由于军队进行裁员，所在部队精简整编，我脱下军装，转业到地方工作，在全面改革开放、发展市场经济的环境下，进一步经受了锻炼和考验。由于所处岗位、所从事的工作的性质，劳神劳累也是可想而知的。这一时期的具体情况，我将在本书第三章中做详尽叙述。

我感悟到：青春年华是人生最宝贵的财富。抓牢这个时期，力求有所作为，对于实现自己的人生价值至关重要。

4，中年时期（41—65 岁）。此时，人到中年，已经分别到了不惑之年、知天命之年。这一时期的主要特点是"三知""三自"，即知书、知理、知事，自强、自省、自为。基于这些特点，这时期可称得上是"可赞期"。

在这个时期，因为逐渐经历了很多事情，作为过来之人，绝大部分的人都比较成熟了，遇事不再大惊小怪，心态比较平和，分析判断的能力明显提高，能妥善处理复杂的人际关系。人到这个年龄段，虽然官位不高，工作上小有成就，已经蛮知足了；虽然没有腰缠万贯，但够吃够用，可以说基本上达到了"小康"水平；虽然日子过得平平淡淡，但自豪感、幸福感是写在脸上的。这个时期的我，要对自己有一个正确的认识，就是保持一颗平常心，脾气要温和，得失要看轻，否则，对自己的身心健康是没有好处的。

这个时期，我在海安镇任镇党委副书记、镇长 8 年整，后调任县工商局任党组书记、局长。这一时期确实是我一生中最成熟的时期，是精力最充沛的时期，也是人生最鼎盛的时期，出成果的时期，应该是知书、知理、知事了。2002 年 7 月，为培养年轻干部，我从大局出发，主动写了提前退居二线的报告，经上级组织批准，54 周岁不到即退居二线，基本体现了自强、自省、自为的人生特点。

我感悟到：在其位谋其政。努力做好工作，力求问心无愧，这才是快乐幸福的人生。

5. 老年时期（66 岁以后）。人到花甲、古稀之年，基本特点是"三安""三还"，即安心、安乐、安康，还乡、还童、还俗。这时期可称得上是"可喜期"。

迈入这一时期，应该安安心心，快快乐乐，尽情享受快乐幸福的晚年生活。这个时期，可以告老还乡，与家乡父老交流人生感想，可以像童年时无忧无虑地过日子，与普通百姓一样练气功、打太极拳。但是，也有人把这一时期的老年人说成是到了"可悲"之年，因为有不少老年人已经失去了工作能力，没有多大贡献了；有的身体不好，牙齿也掉了不少，有的过去家庭条件差，想吃没有吃，现在生活条件好了，但很多东西不敢吃了，就是喜不起来。尽管如此，我还是不太赞同"可悲"之年的说法。应该看到，在现实生活中，有些子女对老人的不孝，导致老人晚年生活很凄凉，再加之疾病缠身，那真的是可悲了！

特别要指出的是，一个人一旦进入老年时期，想的、说的、做的都与以前不同了。孔子说过"六十而耳顺，七十而从心所欲，不逾矩"。大多数老年人的心态逐渐平和，不会再与人与事过分计较了；曾经担任过领导职务的，不管官大官小都已陆续退下来，都是普通百姓了；以往经商的，利多利少只要够花就好了，赚了再多花不完有啥用？即使留给子女，如果子女不争气也无用，不是有人常说"富不过三代"吗，这是有一定道理的；对于广大的普通老百姓而言，钱多钱少，有衣穿、有饭吃，就感到很满足了。因此，到了这个年龄段的人，一般都比较淡定，基本上是与世无争了。

这个时期的我，开始安度晚年了。平日里，几乎不多考虑什么，生活比较有规律，每天早晨出去晨练，上午写写文章，午饭后休息一个小时左右，下午在家看书学习，如有朋友邀请，也会与他们一起打打牌，玩一玩，找点别样的乐趣。

我感悟到：进入老年期后，一定要珍惜当下，把握人生，懂得取舍，做到健康快乐每一天。

总之，人生各年龄段的处境不同，责任不同，想法也不同。人生各年龄段的身体状况不同，精神面貌不同，取舍肯定也不同。人的一生，面对许许多多的人和事，形形色色，五花八门，需要我们在各个年龄段把握好，处理好。同时，还要明白自身在各个年龄段的责任与取舍，如果不能很好地把握，不是积极努力地奋斗，后悔莫及在所难免。因为，虚度年华的人生，是没有任何意义的人生。诚然，我们也要客观地看待自己，不应盲目地追求名利地位，不该迷恋不属于自己的金钱美色，更不能自以为是地讲究完美，要认清人世间有得必有失，拿得起放得下，这才是正确恰当的人生态度。

　　人的一生，一路走来，每十年左右，就会有一个较大的变化。古往今来，光阴之叹是我们看到最多的感慨。我们都知道孔子对人生轨迹的概括。我的理解，人到三十而立，不仅仅是在社会上立住了脚，有了一份工作。按照现在年轻人的观念，就是有车、有房、成了家，更重要的是内心的立，这个立，就是懂得自己的责任和应有的担当。人到三十岁，是人生转折的关键年龄。一般说来，三十岁时把人生基础打好了，这个人人生价值的含金量就足了。我把看好的人生归纳总结如下：

　　十岁看懂有希望，

　　二十岁看准有志气，

　　三十岁看清有目标，

　　四十岁看明有睿智，

　　五十岁看好有成就，

　　六十岁看穿有思想，

　　七十岁看淡有境界，

　　八十岁看破有胸怀，

　　九十岁看透有品位，

　　一百岁看过有经历。

　　以上这样的归纳总结，可以分析得出这样的大致结论：不同年龄段的人，各方面都会发生微妙的变化。不同年龄段的人会说不同的话，不同年龄段的人会干不同的事情，不同年龄段的人有不尽相同的人生观，不同年龄段的人有不完全相同的价值观。

　　20世纪40、50、60年代出生的人，是在中国的困难时期来到这个世界上的人，他们深知生活的不易，一直过着节衣缩食的生活，他们能艰苦奋斗。改革开放，给这几个年代出生的人带来了创业的机遇。所以，这几个年代出生的一拨人，是当今中国最富有的人，他们中大多数人只知道赚钱，但不知道怎样花钱，不懂得怎样爱自己。

80 后、90 后、00 后以及之后出生的不少年轻人，与他们的父母辈有哪些区别呢？可以说，他们思想超前，意识敏锐，愿意高消费，舍得把钱花在自己身上，追求向往高标准的舒适生活，贷款买车买房的不在少数，不惜啃老的儿孙大有人在，他们真是"月光族"，活得很潇洒。

综上所述，我深深地感悟到：洞察人生皆学问，珍惜岁月即文章。

第二节　学习篇

　　学习是永恒的话题，人的一生总是离不开学习的。我们很难想象，一个不爱学习、没有知识的人，他如何能在社会上立足？

　　在现代社会条件下，人们普遍更加重视学习，重视知识的积累和更新。有人认为学习要从幼儿抓起，更有其者认为学习要从胎儿在娘肚子里就开始，这都说明学习的重要性与紧迫性。如今，不少家长都喜欢讲这样一句话，叫作"不能让孩子输在起跑线上"，其本意无非是强调要高度重视孩子的培养教育。对此，人们的看法见仁见智，众说纷纭，但对于重视学习，说学习重要，社会各界俨然已经形成共识，因为"知识就是力量"。

　　那么，我们学习是为了什么呢？我感到，只有加强学习，努力掌握各种知识，并且做到学以致用，学以立德，学以增智，学以创业，这样的学习必然大有益处，对人的成长发展的作用是不可低估的。这里，我想结合实际，就人生需要学什么、好的学习方法有哪些、如何注重学习实效及用途等问题，谈一些自己的体会。

一、学习的内容

　　我们讲学习，不得不提及教育问题，中国的教育应该说是从孩子抓起的。小学前在幼儿园就接受学龄前教育，接着是初级教育，而后再接受高等教育。从学校毕业后，到工作单位还要进行职业教育，亦可称之为职业培训或岗位培训。总之，一个人从小到成人接受教育的时间是不少的，花费的精力也是可想而知的。

基础教育必不可少。几十年来，中国教育一直沿袭传统的教育内容，从小学开始，语文、数学两门是必修课。我理解的语文课，实际上就是让孩子识字、写字，再就是学会说话，在会说话的基础上逐步把文字组织起来写成作文，通过写作文，让孩子能有较好的语言表达能力。数学可以增强孩子大脑的逻辑思维能力，通过学习数学，学会推理，使人变得聪明、严谨、睿智。

一般而言，学生时代在学校接受的教育，主要是打基础，增加感性认识，培养的是学习能力。但必须看到的是，由于众所周知的原因，在课堂上学到的知识，到了工作岗位能有一半派上用场就不错了，工作岗位上需要的很多知识，绝大部分是离开学校走上社会后不断学习、积累的。我始终认为，我们学习积累的知识，只有在实践中证明是有用的，才是有价值的知识，否则，再多的知识也往往只能束之高阁，徒有其名。因此，我们要始终坚持理论与实践相结合，坚持学习书本知识与履行岗位职责相结合，坚持掌握专业知识与提升管理技能相结合，坚持拓展知识结构与增强综合素质相结合。显然，这样的知识，才是真正有用武之地的知识，才是需要不断学习积累的知识。当然，这并不是说课本知识不重要，更不是说学校教育可有可无，学生以学为主，学生时代理应好好学习，绝不可荒废了学业。

我感到，走上工作岗位后的学习，首先是要学好人文知识，关键是要懂得做事先做人的基本道理，也就是学以立德。不然，难免处处碰壁，以致一事无成。我敬佩的一位部队老领导，转业后成为"金牌企业家"的南通化工轻工股份有限公司董事长骆德龙同志，结合工作实际撰写了一套企业管理丛书，他在该套丛书的"序"中开宗明义，全面分析"做人、做事、做企业"的相互关系，明确提出"做企业，就是做事；做事，就是做人。人做好了，事也做好了，做企业就有了基础，这个企业，也就不会差到哪儿去"骆德龙同志所诠释的"做事先做人"的理念以及他的成功实践，可以让我们从中得到很多启发。

我们现在所处的年代，是一个信息海量、知识爆炸的年代，必须根据自己的工作需要不断地更新知识结构，因为单靠学校里、书本上学习的那些知识是远远不够的。只有根据自己所从事的工作，不断地"充电"，把专业知识学好，才能更好地胜任所从事的工作。

我在多年的工作实践中感悟到，要做好本职工作，一定要多读书，读好书，除了一些专业知识、管理知识，还要学习一些自然科学、社会科学、领导科学等方面的知识，力求自己的知识面宽一些，了解掌握的知识广一些，有利于工作的知识多一些。此外，尽管我们有的人可能不是领导干部，但生活在现实社会中，关注时事政治仍然是必要的，并且要重视法律知识的学习，不断增强遵纪守法的意识，不至于犯错误甚至违法犯罪。

总之，一个人也许做不到博览群书，但根据需要多看一些书是终身受益的。中央电视台有一则公益广告，几位主播连续讲"我爱阅读"我的理解，就是提倡人们多花一些精力去读点书。可是，在现实生活中，恐怕爱读书的人并不多，有的人更愿意把时间和精力花在应酬交际上，花在嬉戏玩乐上。在这些人看来，青春易逝，何不及时行乐，读书学习有啥用？这些做法和想法，无疑是不可取的。大量事实告诉我们，没有知识就要落伍，没有知识就会被淘汰。每一个有上进心的人，都应清醒地认识到这一点。

二、学习的方法

掌握好的学习方法和技巧，是提高学习效果的关键。我们通常讲的教学方法有灌输式、启发式等，而自己学习该使用什么方法，才能有比较好的效果呢？自然，但凡在学习上有所成就的人，都有自己实用的一套学习方法。我算不上有学习成就的人，由于家境困难，学生时代没有能读上大学，只是后来上部队院校以及自学才达到了大专学历。关于学习方法问题，我也只能结合业余学习谈一点肤浅的体会。

第一，我感到需要的知识反复学习，最主要的就是一个"习"字，只有"习"才能真正掌握知识，不断巩固知识。孔子是教育家，对学习方法有不少独到见解，他的名言"学而不思则罔，思而不学则殆"，意思是只有把学习和思考结合起来，才能学到切实有用的知识。

第二，我工作中遇到这样那样需要解决的问题，一般都会向有经验的领导、朋友或同事等请教，有的则求助于书本知识。如果不好好读书学习，不向懂行的人学习，只是冥思苦想，心中充满疑惑而找不到破解难题的方法途径，那怎么能做好事情呢？因此，学习就是要注重带着问题学，善于多闻多见，时常"温故而知新"。

第三，我在参加自学考试，以及结合工作进行学习中总结的基本方法有：一是看书学习，从细看到粗看，而后再理出重点；二是做好学习笔记；三是要独立思考；四是要做到不耻下问；五是理论与实际相结合，力求把学到的知识做到融会贯通。

我曾在一份杂志上看到美国学校培养小学生学习方法的文章，觉得有些启发，在这里介绍给大家。孩子在家自己写作文，写好后给家长看一下，也可以由家长帮助做适当修改，而后孩子基本上能背下来。到学校上课时，在一个大活动室里，门窗全部关上，里面黑黑的，没有亮光，孩子每人自带一个手电筒，孩子靠墙站立，把手电筒放在自己面前，有老师、同学、家长等观摩的人走到孩子面前，如果你想听这个孩子讲自己编写的故事，就把手电筒拿起来对住孩子面前，他马上就会滔滔不绝地对你讲述在家准备好的故事内容。我觉得这样的教学、学习方法的好处有：一是让孩子独立思考，学会写文章，并且能记住自己写的东西，还能表达出来，有成就感，培养了孩子的学习兴趣；二是解决了孩子小时候害羞，不好意思，怕在很多人面前出丑，不敢讲的问题；三是充分利用了学习时间，在同一时间里，几乎可以让全班同学同时给观摩者表演；四是高年级孩子的表演课可以让低年级的孩子来参加，启发他们向小哥哥、小姐姐学习，这种方法一举多得，确实不错，值得借鉴。

三、学习的时间

现在经常有人埋怨社会不公。其实，唯独时间是最公平的。时间对于每一个人来说，都同样分配，同样享有，绝不欺负谁，就看你怎么安排使用了。不少人认为，自己是想把学习放在重要位置上，想多学习一些知识，可就是没有时间。应该承认，有些人工作确实很忙，时间很紧张，要想抽出学习时间有一定的困难。

对于学习时间安排问题，我有这样几点体会：首先，一定要在思想上重视学习，把学习摆上重要位置，只有重视学习了，就一定能挤出读书学习的时间。第二，要抓住学习的机遇。不管什么人都有学习的机遇，比如单位组织的培训、外出学习等。我在部队和地方先后参加过各级领导机关组织的学习培训，有的是领导安排的，有的是自己争取的，加起来估计不少于三年时间。第三，要学会统筹兼顾，妥善安排时间，时间是靠挤出来的，每天坚持一个小时看书学习，那一年365天就是365个小时，这就能学习很多知识。如当天遇到特殊情况，不能安排学习时间，那就在明后天补上。坚持数年，必有好处。

至于学习的最佳时间，我觉得年轻时是早晨时分，一般都在早晨起床后就早读，此时头脑清醒容易记忆。年龄大些了，可以在晚上，夜深人静的时间看点书。通过日积月累，一定能多看很多书，增长不少知识。

四、学习的效果

有这样一种现象，有的在学校学习成绩很好的学生，到社会上却不能发挥应有的作用，有的是学非所用，有的是难以适应社会，即使有一定专业知识的学生，走上社会也不能充分展示才能，不能学以致用。究其原因，这主要是有的学生虽然在学校学了一点书本知识，却不善于与实际工作相结合，即使所学知识与专业对口了，但由于缺乏能力、魄力、毅力、胆量、肚量等诸多方面的综合素质，实际效果也很不理想。

我觉得，学习的效果不能简单地以考试成绩为依据，衡量学习的效果，考试成绩只是一个方面，不完全反映一个人的实际能力和水平。学习效果如何，要看对所学知识的理解程度，能否融会贯通，能否应用到实践中去。走上工作岗位后，是否真正掌握了所学知识，具体运用情况如何，都要以工作实绩来衡量与检验。实践是检验学习效果的唯一标准。对学习专业知识的人来说，你的技术如何，要从你的发明创造、技术革新、产品质量等多方面来衡量。党政领导干部的学习效果如何，要从他的"德能勤绩廉"来全面考核。

总而言之，学习效果体现在对客观事物的认识上，体现在运用到工作中做出的贡献上，体现在能力发挥上，体现在取得实绩上。没有这些体现，侈谈学习又有什么用呢？

这些年来，大学毕业生走上社会后马上就改行的情况比较普遍。诚然，这里有择业岗位的待遇差距问题，有工作是否体面的问题，有当初报考专业不慎重的问题，但刚毕业走上社会，就放弃所学专业随意改行了，这么多年的寒窗之苦付之东流，着实让人唏嘘不已。对此，我以为，大学生应该把报考的专业，在学校教育的基础上，利用好在校期间的宝贵时间，努力把学习搞得扎实些，打牢基础，储备必要的知识结构，这样才能更好地适应社会需要，这样的学习效果才是我们希望看到的。既浪费个人青春年华的宝贵时间，又浪费了国家培养教育人才的资源，这是很遗憾的事，抑或是我们社会的悲哀！

五、学习的用途

常言道"人不学习就要落后"。国家十分重视教育，财政安排给教育的经费基本都占总支出的百分之五。很多慈善家支持贫困地区修建学校，把办学称之为"希望工程"因为，把孩子培养成人是国家的希望、家庭的希望，也是个人前途的希望。古人云"万般皆下品，唯有读书高"，虽然不那么准确，但"书中自有黄金屋"的名言是人人皆知的。读万卷书，行万里路，这是人生的最好历练。只有不断地学习才能出人头地，只有不断地学习才能不落伍，只有不断地学习才能与时俱进。那种"学习再好也没有用武之地"的说法是有悖于时代发展趋势的。

谈到学习的用途，不能不讲到怎样看待知识。回顾数十年的工作经历，我深深感受到，学习掌握各种知识，必然受益无穷。知识引导我认识世界，促进我做好工作，助推我不断进步，是我成长道路上不可或缺的"良师益友"。

知识是什么？《中国大百科全书》是这样表述的："所谓知识，就它反映的内容而言，是客观事物的属性与联系的反映，是客观世界在人脑中的主观映象。就它的反映活动形式而言，有时表现为主体对事物的感性知觉或表象，属于感性知识，有时表现为关于事物的概念或规律，属于理性知识。"我们从这一定义中可以看出，知识是主客体相互统一的产物，是人类在社会实践中的认识成果，按其获得方式可区分为直接知识和间接知识，按其内容可分为自然科学知识、社会科学知识和思维科学知识。总之，知识是重要的智力资源，知识可以转化为产权。

我对知识的感想，主要有以下几个方面。

1. 知识的重要性。当今社会是知识经济的社会，学习知识成了社会生活的头等大事。显然，没有知识，在社会上寸步难行，很难立足于这个社会，更不要说服务于社会，对社会有所作为了。知识是一个人的立身之本，要在社会上占一席之地，最起码要有某一方面的知识，有知识才能有创造，有知识才能有发明，有知识才能打败竞争对手，有竞争社会才能进步，社会在不断进步，祖国才能强大。概而言之，知识就是力量。

2. 知识的超前性。我们通常把从小在学校读书时学的书本知识看作知识，把走上社会后继续"充电"学习的知识看作知识，把学到的一些专业技术看作知识。我认为，这些固然都是知识，但只是一般的知识，通过思维能创造出成果的知识，才是真正管用的、具有较高价值的知识。要创造出成果，我们所掌握的知识一定要具有超前性，不能是跟在别人后面使用的知识。

3. 知识的实用性。知识的范围很广，门类很多，内容博大精深。对知识的学习、储备、掌握、运用、发挥是一门学问。一个人的精力与时间是有限的，如何加强知识管理应该引起重视，尤其是专业知识，学到了，不等于学好了，需要不断学习，不断巩固提高。我的知识面不宽，但我有很强的求知欲望。在部队服役期间，为了胜任部队工作需要，我曾请求领导让我参加教导队培训，到部队院校脱产进修，我还利用业余时间自学大专课程，参加军地两用人才文化班学习等，努力扩大知识面。转业到地方后，我仍然继续学习所需要的各种专业知识，被评为高级政工师。我感悟到，结合工作需要，坚持不间断的学习，非常必要，对于促进工作起到了很好的作用。

在现代社会条件下，新知识层出不穷，知识更新周期不断缩短。其根本原因是知识门类激增、大量边缘学科不断涌现、社会生产力发展、科学技术突飞猛进，特别是互联网的出现，迫使人们愈益重视知识更新。在新形势下，任何满足现状、不思进取的做法都是十分有害的，都必须坚决克服和纠正。对于坚持继续学习、重视知识更新的问题，我的看法是：

第一，我们要适应互联网到来的新时代。我们既然已进入了互联网时代，就得面对这个社会发展的大趋势，充分认识互联网对人类社会带来的深刻变化，积极把握互联网给我们带来的发展机遇，努力适应互联网时代的特征和规律。在这个过程中，我们必须做的一件事，就是要不断加强学习，实现知识更新，也就是要学习互联网知识，利用互联网平台，发挥互联网作用，更好更多更快地创造经济效益和社会效益。如今，"互联网+"已经成为人们的共识，创办阿里巴巴的马云火了，想利用互联网超过马云的京东总裁刘强东也要火了。可是，不少年轻人还没有认识到这个时代特征，中老年人对互联网更加陌生，特别让我感到遗憾的是，很多企业老板不仅对互联网的运用不沾边，就连电脑也不会使用，尽管手里拿着功能齐全的手机，可发挥基本功能的作用几乎寥寥无几，这样还谈什么现代化、知识化、全球化？现在电子商务很时兴，于是我从 2014 年下半年开始，学习网上购物，我在淘宝上买的第一样东西是我需要的太极鞋，不到三天，快递就把我购买的物品送到了家，使我亲身感受到了互联网给我带来的便捷与实惠的好处，对"互联网＋"更感兴趣了。从那时起，我的家用物品、我和我爱人需要的消费品基本上都在网上购买。我与我爱人开玩笑说："过去我在职工作忙，没有时间陪你逛商场，现在，我可以陪你逛淘宝、京东等网店了。"

第二，我们要积极有效地推动知识的转化和升华。其中，一是要懂得知识与智慧的关系。知识是重要的，但智慧比知识更重要。因为智慧不仅仅指的是知识，还有一个人的思想；知识的增加可以让你对事物了解得更多，但有了知识还要知道怎么去运用，这就是智慧。有了智慧，知识面才会越来越宽，可以随着事物的发展变化而不断调整思路，把握事物的发展规律，实现既定目标。二是要懂得知识与学问的关系。知识与学问在某种时候是互通共用的，两者既有联系又有区别，有知识的人未必就是有学问的人。知识是感性认识，升华到理性认识就叫学问。学问相对于知识而言，其层次更高深度更深。这就必须养成质疑、专注的良好习惯，把体悟到的知识落实到做学问的行动中，坚守学术，积极思考，严格治学，静心求实，努力使知识上升到学问的境界，使自己真正成为一个有学问的人。三是要懂得知识与素质的关系。知识是重要的，认识和改造自然，都需要我们掌握大量知识。但学了知识不仅有待于转化为能力，而且还有一个知识为谁服务的问题。良好的素质要有必要的知识做基础，没有知识，就野蛮愚昧，就分不清是非善恶，也就谈不上什么素质了。但学了很多知识，并不一定都有很好的素质。没有好的素质，就轻浮虚伪，就会不分是非。可见素质是为知识与能力导引方向的。《论语》曰："质胜文则野，文胜质则史，文质彬彬，然后君子"。按照孔子《论语》中这段话的意思，质是素质，文是知识；只有知识与素质配合恰当，才能成为君子。

第三，我们要始终坚持"实践出真知"的观点。人在现实社会中要生存，有所作为，活出精彩，就必须要有一定的知识，必须不断学习和提高。人如果缺乏知识，做事会遇到很多困难。但是，更重要的是要在实践中学习知识，在实践中增长才干，不能光说不练，纸上谈兵。"纸上得来终觉浅，觉知此事要躬行。"在学习知识的过程中，我们唯有动手动脑，坚持付诸行动，才会获得真知。毛泽东没有上过任何军事院校，但他"在战争中学习战争"，领导我党我军由小变大，以弱胜强，创造了许多人类战争史的奇迹，打败了日本侵略者和国民党反动派，建立了人民当家做主的新中国。参加我国人造卫星、神舟飞船以及其他许多重大科技试验的科技人员，每一次、每一项都经历了试验－失败－再试验的过程，在没有现成答案的情况下，不断实践，攻坚克难，才最终获得成功。就我们个人的经历来说，也处处体现着"实践出真知"。许多成功的企业家并没有高学历，知识面并不宽，但他们注重实践，从而具备了其他人不具备的实践经验，比如，善于把握机遇，懂得如何用人，具有独到的管理理念和方法，等等，正是这些在实践中获得的"真知"，才逐渐奠定了他们成功的基石。

说实话，我的知识是很有限的，学问也确实一般。多年来，我比较注重把学到的有限知识与实际工作紧密结合起来，做到融会贯通，也算取得了一些成效。我感悟到，学习是生命的重要组成部分，知识是我们终身的需求。学海无涯，时代在前进，形势在发展，我们要与时俱进，就得不断地学习新知识，掌握新技能，提高新本领，取得新进步。活到老，学到老，我们都应为之不懈努力！

第三节　工作篇

写人生感悟，一定是工作中的感悟较多。在我的职业生涯中，曾先后经历十多个工作岗位，担任过不同的领导职务。与完成各时期、各阶段的工作任务相联系，每个岗位的经历都能让我产生不同的体验，并感悟到不少有益的思想收获与经验教训。

一、对工作的一些认识

从某种意义上讲，工作就是人们为了生存而对社会做出自己的一份贡献，也可以说工作就是劳动（脑力和体力），通过劳动而获得报酬，取得生存的物质。不劳而获是社会所不允许的。说实在一点，工作就是"饭碗"，丢了工作，就是丢了"饭碗"。

（一）工作的概念

在现代社会条件下，人们所从事的工作千差万别，已经远远不止以前人们讲的三百六十行。尽管工作千差万别，但总体可以分成两大类，一是脑力劳动，二是体力劳动。《孟子》曰："劳心者治人，劳力者治于人。"说的是动脑子的人管理别人，干体力活的人被别人管理。而且，现在脑力劳动与体力劳动的报酬大不一样，甚至十分悬殊。

同样是上班下班，八小时劳动，为何报酬差距很大呢？这主要表现在行业与行业之间的差距、地区与地区之间的差距，以及单位性质不同带来的差距等。由于这些差距的存在，就不可避免地带来了择业的问题。有的人终身从事某一项工作，有的人时常调换工作单位或岗位，从事过多项不同的工作。有些人的工作创造的财富很微妙，对社会的贡献度不大，但有些人的工作所创造的财富则远远大于个人所获得的报酬。

当今社会，对工作有很多种说法，尽管说工作只是分工不同，没有高低贵贱之分，但对不同岗位的称谓让人感觉大不一样。比如，如果你在党政机关工作，人们习惯称之为政府官员；如果你自主创业开公司，大家就称你为老板，如果企业做大了，人们就会尊称你为企业家；如果你是在企业坐办公室的，社会上就将你们这类人统称为白领；如果你是普通工人，对不起，你的称呼只能是"打工者"了。此外，还有什么歌星啦、演员啦，等等。

再说人人都在工作，但在同样的环境、同样的领导、同样的条件下工作，其效果就往往大不一样，这就是工作水平、工作能力、工作经验等问题了。有些人看上去整天忙忙碌碌，似乎很卖力，但就是忙不到点子上，忙不出实绩来。这是为什么呢？我对工作的几个方面谈点体会。

1. 布置工作

我们有些领导同志布置工作时，常常动员报告讲了几个小时，从目的、意义、方法、步骤、要求等方面，讲得头头是道，就是没有讲清楚做好这项工作的标准，部属听了半天不知所云，对布置的工作是什么标准不清楚，如此怎么能做好工作呢？我在海安镇任镇长，在工商局任局长期间，特别重视一年一度的工作指标，也就是当年工作要达到的主要标准。每周星期一召开晨会，在讲述工作要点的同时，明确提出做好工作应达到的主要标准。我感到，工作标准是千万不能忽略的。

2. 汇报工作

在开展工作的过程中，下级负有经常向上级汇报工作的义务和责任。可是，我们有的部属不太懂得如何汇报，不知道该怎样把要紧的工作汇报清楚，常常把工作的过程、做法、困难等讲了许多，汇报到最后，领导却没有听到其结果怎样，也就是最关键的问题没汇报。作为领导，最想知道的不只是这些过程，他更关注的是工作的结果。我多年工作的一条基本体会，就是我向领导汇报工作前，首先是要对照领导布置工作时提出的工作标准，检查自己是否做到了，工作的结果是否达到了领导所要求的标准；而我需要部属汇报工作时，一般也是重点听结果，听是否达到了预期标准。

3. 请示工作

向上级领导请示工作，求得领导的支持、指导和帮助是很重要的工作方法。但有的人在请示工作时，只讲工作中遇到了什么问题、困难、麻烦等，对于如何解决这些问题没有一点主见，提不出解决问题的具体措施。必须切记，请示工作要有自己的建议、设想和方案，不可把"皮球"一脚踢给领导。

4. 总结工作

总结好，大有益，这是我们常说的一句话。我在县工商局任职期间，总结了"实行案件主办人负责制"等经验，得到省局领导的肯定并转发全省进行推广。那么，怎么才能总结好工作呢？我感到不仅要抓住重点，更重要的是这项工作具有一定的创造性，对其他单位有启发，有值得大家学习的经验教训，用现在时髦的话讲，就是可推广、可复制。我们在总结工作时，最常见的问题是记流水账式的总结，似乎面面俱到，洋洋洒洒，但缺乏实际意义，没有推广的价值。总结工作实际上就是反思。总结工作时，应该把工作过程中的经验、教训加以反思和提炼，把感性认识上升到理性认识，以利于今后开展工作借鉴，使工作越做越好。

（二）工作的原则

做好工作的原则，从大的方面讲，就是要符合党和人民的根本利益，对社会负责，对事业负责，对子孙后代负责，经得起历史的检验。具体地讲，工作中要遵循以下一些原则。

1. 实事求是的原则

实事求是是毛泽东思想的精髓，是我们党的思想路线。对于"实事求是"，陈云曾提出"不唯上，不唯书，只唯实"九个字，作为自己的座右铭。

我们在工作中不能只唯书。不能只唯书，不是主张不要书本知识。我读过许多好书，深感受益匪浅，加深了对"书籍是人类智慧的结晶""书籍是人类进步的阶梯"的理解。我们认真读书，掌握理论，并用于指导工作实践，是任何时候都需要的。但如果我们仅从书本上的条条框框出发，脱离实际，就会成为教条主义。

我们在工作中不能只唯上。陈云指出："我讲'不唯上'，不是说上面的话不要听，中央的权威可以不维护，而是说要从人民的根本利益出发，因地制宜、创造性地执行上级的指示和政策。"一般说来，上级站得高看得远，自然比下级看问题要准些，能够从全局出发考虑问题，我们应该积极贯彻上级领导的意见、指示，按照领导的要求去开展工作。从大的方面讲，就是要贯彻执行好党的路线、方针、政策。但是，如果我们在执行上级指示时，一味地为了听领导的话，不从实际出发，搞什么执行上级指示不走样，生搬硬套，就会给人民的利益带来损失。特别要指出的是，领导也是人，也会出现认识上的偏差。如果明知领导决策有偏差和失误，仍然盲目地贯彻执行，不敢提出自己的意见，那就是十分错误的行为，是对党的事业不负责的表现。

我们在工作中应该只唯实。要做到只唯实，首先，要解放思想，不能因循守旧，以对党的事业负责的精神，勇于冲破不合时宜的条条框框的羁绊；其次，要联系实际，尊重事物发展的客观规律，尊重群众的首创精神，说话办事不照搬照套"老经验"；再次，要坚持实践是检验真理的唯一标准，坚持从群众中来，到群众中去的工作方法，用实践标准看待问题、处理问题。因为，只有被实践证明了的才是可靠的。

2.客观公正的原则

只有坚持客观公正，才能让人心服口服，整个单位才能团结一致，有很强的凝聚力。我感到，工作中要做到客观公正，必须做到以下几个方面。

要做到客观公正，就要去除私心杂念。不能凭感情行事，不能以个人好恶来判断是非，不能戴着有色眼镜看待问题，做任何事都要出于公心，秉公办事。

要做到客观公正，就要深入调查研究。坚持深入实际，密切联系群众，掌握第一手资料，用事实和证据来说话，力戒先入为主，防止凭印象和经验做决策。

要做到客观公正，就要严格工作程序。就像我们行政执法办案一样，从立案、调查、取证，到告知、送达、听证等，都必须严格按照程序办理，不可随心所欲。还有，我们在许多工作中，可以采用公示的方法，充分征求各方面意见。通过认真听取大多数人的意见与建议，就能做到比较客观公正。

要做到客观公正，还要增强工作的透明度。所谓透明度，就是要把应该让群众知道的情况公开，不要搞得神神秘秘，让大家在平等条件下参与竞争。就像目前政府在房屋征收中，将每户的入户调查、评估结果到签订的协议，分别进行张榜公示，在阳光下操作，从而减少了很多不必要的矛盾。

3. 不谋私利的原则

工作要做好，必须坐得正行得端，两袖清风，不谋私利。心底无私天地宽，你屁股是干净的，没有什么把柄被别人抓住，处理棘手问题还怕什么呢？曾经，我有一位亲戚私下里找我的驾驶员，打着我的旗号帮他朋友办事。此事被我发现后，不仅被我及时阻止没有办成，还对其进行了教育，要他不能利用我的权力为他人谋取不正当的利益。从此，我家亲戚都知道我工作中坚持原则，从不以权谋私。后来，我爱人被提前安排下岗，我都没有利用权力、利用关系为她重新谋取一份工作。

4. 职业道德的原则

做工作，就是在自己的岗位上履行职责。公职人员在履行工作职责中，尤其应该遵循职业道德。这是做人的底线。经营者不讲职业道德，不讲诚信，就会失去人心和市场，消费者就会不买账。领导干部没有职业道德，不为百姓谋利，没有作为，恣意贪赃枉法，就不会得到人民群众的信任，其口碑就会很差，甚至走向自己的反面。普通职工要遵循的职业道德，就是把该做好的事尽心尽职地做好，要对得起良心，对得起那份工资。

5. 规范管理的原则

规范管理就是要按规定的程序办事，按规章制度执行。常言道："没有规矩不成方圆。"社会需要规范管理，维护正常的社会秩序；党政机关需要规范管理，树立良好的形象；企业需要规范管理，打造优质的服务和产品，才能取得较好的经济效益。在同样的行业，同样投入、同样规模、同样条件，但因为管理不善，往往就会导致一个企业的倒闭。

6. 主次分明的原则

任何工作岗位都不可能是单一的，特别是党政领导干部，工作千头万绪，错综复杂，这就需要把握工作的重点，抓住工作的关键，要分清主要矛盾和次要矛盾，学会"弹钢琴"，切实防止"眉毛胡子一把抓"。

7. 保守秘密的原则

保守秘密不仅是党和国家机关工作人员必须遵守的基本原则，而且也是许多领域、许多单位、许多岗位上工作的人员同样需要遵守的原则。秘密是信息，也是资源与财富。我们国家制定了《保密法》，重要的秘密事项是受法律严格保护的，谁随意泄露国家秘密或商业秘密，都会受到应有的惩处。我们在工作中一定要坚持保守秘密的原则，做到不该打听的不打听，不该乱说的不乱说，坚决维护国家、企事业单位的秘密和合法权益。

（三）工作的责任

要做好工作，明确工作责任是前提。开展工作首先要落实工作任务，明确工作责任。不管是党政机关，还是企事业单位，都同样需要明确各级领导、各个岗位、各类人员的岗位职责与工作责任。工作责任不明确，就会相互推诿，就会得过且过，就会人浮于事，哪能做好工作呢？

要做好工作，强化绩效考核是基础。工作责任明确后，不等于工作就能完成得很好，要把工作做好，必须制定相应的绩效考核办法，并依据考核办法，对工作完成情况实施严格的考核。考核办法与明确工作责任是相对应的，一般都是根据工作任务、目标、责任，制定相应的考核办法。制定考核办法一定要从实际出发，标准既不能过低，也不能过高，但必须与个人的政治待遇（评先评优、职级晋升等）、经济待遇挂钩，改变"干好干坏一个样"的不合理状况。

要做好工作，实施奖惩兑现是关键。我任单位主要负责人十多年，每年花不少时间组织调研，根据不同时期的工作特点和工作要求，精心研究制定各级、各类人员的岗位目标责任及相应的绩效考核办法。年初，都要通过签订责任书进行布置落实；年底，认真对照检查，考核各个岗位、各类人员责任书的落实情况，并坚决按照考核办法严格奖惩兑现。这样做，无疑强化了工作责任性，调动了工作积极性，工作一定会取得比较好的成效。总之，考核办法切忌"纸上谈兵"，考核过程切忌流于形式，考核结果切忌"人情""平衡"。

（四）工作的态度

工作态度的好坏，是检验一个人事业心、责任心、敬业精神的重要方面。有的人多年从事某一项工作，时间长了，对本职工作厌倦了，疲疲沓沓，不思进取，认为再认真也就这样了。我认为，这样的工作态度必须端正。在2016年全国"两会"上，国务院总理李克强在《政府工作报告》中提出了一个新概念，叫作"培育精益求精的工匠精神，什么叫工匠精神？工匠精神，就是专心致志地做好每一件事，认真负责地做好所从事的工作。倡导与弘扬工匠精神具有普遍意义，我们各行各业的工作人员都要身体力行，以良好的工作姿态做好每一项工作。

我觉得，看一个人的工作态度如何，有这样几个方面的考量与视角：一是在单位出现矛盾、纠纷之时，看他是否能主动站出来做工作，帮助化解矛盾，解决问题，尤其要看他见矛盾与问题是绕道走，还是积极地面对。二是对所承担的工作，看他是否坚持高标准、严要求，是认真负责，还是敷衍了事，得过且过，纰漏不断。三是从工作成效上，看他是否为促进工作任务的完成做出了应有努力，是积极提出建设性、创新性的意见建议，还是消极被动，靠领导催着做，经常需要别人帮助和支援才能完成任务。

（五）工作的效果

工作效果要以一定的标准来衡量。看一个人的工作效果，就是检验他工作做得如何，看最终的绩效，给单位带来多少收益，工作取得了什么成绩。但是，现在有些领导对工作效果的考核不是从大局来衡量，不是从长远的发展来考量，不是从科学发展的理念来评价，而是从眼前的、局部的、单一的方面考核。有的甚至只图虚假政绩，比如在发展经济中，只要 GDP，不顾环境保护，浪费资源，重复建设，这样的工作效果我们不能要，其后果不堪设想。衡量工作效果，绝不能搞形式主义的考核，我们理应从对事业负责的高度，把考核办法制定好，真正考出风清气正的工作环境，有效调动一切积极因素。

这里不妨说说几种反常的考核工作效果：一是工作中坚持原则得罪了人的，往往被得罪的人怀恨在心，到了有机会评价你单位或者个人时，他就会贬低你，故意给你打低分，使坚持原则的同志受到不公正的评价。二是工作中对部属严格要求、提出过批评的，有些素质不高的人往往耿耿于怀，特别是某些以权谋私的部属，他会认为你是与他过不去，因而千方百计找你的麻烦，甚至给你捏造罪名，写人民来信，以致上级领导认为你这个单位不安定。三是工作中求真务实、不图虚名的，有的领导认为你标新立异，不尊重领导，不顺从领导意图，就会在评先评优、职务晋升等事情上排挤你，而个别弄虚作假的单位、个人则往往"榜上有名"。

（六）工作的动力

要把工作做好，如果只是依赖领导的督促与管理，单靠阶段性的考核激励，而个人的内在动力没有激发出来，还是不够的，不能完全解决问题。因此，突出强调工作的动力至关重要。

一个人在工作中，大致有"三力"，即，原动力、推动力、拉动力。

所谓原动力，就是内因在发挥着作用，是一个人的内在动力。关于内因和外因的相互关系、相互作用，很多同志学过哲学，都是清楚的。外因只是变化的条件，内因才是变化的根本。如果一个人的内因发挥作用了，那就从根本上解决了问题，他的主动性、积极性、创造性就会不断地迸发出来。这原动力就是工作的主动性、积极性，还有创造性。说简单一点，有了原动力，就是"我要做"，而不是"要我做""我要做"，就是人的主观能动性。再上升到一个高度说，就是人的世界观、人生观和价值观起了作用，产生了潜在的原动力。唯物辩证法认为"物质决定意识"，但同时提出"意识具有巨大的反作用"我多年从事政治思想工作，坚信人的原动力的作用，坚信人一旦有了原动力，就一定能产生巨大的精神力量和物质力量。

所谓推动力，就是通过领导对部属的督促、指导和激励，使部属产生的一股动力。如采取检查评比、个别谈话、会议讲评、考核激励等措施，让部属受到鼓励和推动，从而尽心竭力地去做好工作。

所谓拉动力，就是通过树立先进典型的方法，进而产生的动力。榜样的力量是无穷的。注重培养、树立和宣传先进集体（先进个人），号召大家都向他们学习，营造见贤思齐、不甘落后的生动局面，有助于充分调动积极因素，拉动单位各项工作任务的顺利完成。我在这里要特别指出的是，评选表彰先进典型，一定要坚持实事求是，要有说服力，不能人为拔高，不能弄虚作假，否则，其结果必然适得其反。

一个人的工作要出成果，要取得出色的工作业绩，很大程度上取决于是否有原动力。推动力、拉动力，固然有一定的作用，但靠领导拽住你向前走，靠一次次的动员、检查，你始终处于被动状态，工作怎么可能做好呢？

这"三力"也可用于培养孩子学习。一个学生如果有了学习的原动力，其学习成绩是绝对没有问题的，但完全靠家长、老师等的"耳提面命"，也许能勉强有一些学习成绩的提高，那只是浮在表面的东西，最终是难以真正学到知识、学好知识的。

（七）工作的作风

谈到工作，不能不谈到工作的作风。工作作风，看起来是一个人的做事行为与风格的问题，实际上能反映一个人的事业心、责任心，反映一个人对待工作是否认真负责的态度问题。

良好的工作作风反映在哪些方面呢？我觉得，就是要热爱本职工作，恪守职业道德，对单位有忠诚度，求真务实，敬业专心，不图虚名，不说空话，办事雷厉风行，讲求工作效率，等等。我感到，树立良好的工作作风与单位的生态环境有一定关系，但凡单位领导工作作风好，带出来的队伍也一定是一支作风过硬的好队伍；我们的军队有雷厉风行的优良作风，许多在部队锻炼成长过的人也都养成了良好习惯，做事不喜欢拖拉，具有召之即来、来之能战的军人气质。

如何提高工作效率，是大家普遍关心的问题。结合我多年的工作实践，这里介绍几个小诀窍：（1）起床后可以花一小段时间用以早锻炼，给一天的工作带来好心情。（2）每天开始工作前，先花15分钟清理办公桌，腾出干净的办公区域，避免工作时分心。（3）制定每日事务清单，将手头工作系统化，形成清晰的思路，以利自己适时掌控，分步予以完成。（4）认真整理邮件，打开一封邮件后立即回复、归档或删除，不仅邮箱井井有条，也防止遗忘重要事项。（5）工作时切断社交媒体，暂时告别喧嚣的外部世界，让自己的注意力更加集中。（6）取消不必要的会议，能个别沟通的、可通过电邮或电话完成的，尽可能少开会。（7）控制做决定的时间，假如想每天多完成一些工作，就必须速战速决，从缩短做决定的时间开始。（8）安排大段不间断的时间，比如关掉手机与退出邮箱，创造专注做事的环境，不受干扰地处理手头上的急事。（9）急事先办，先难后易，解决难办的问题后，再用剩余时间处理其他工作，等等。

（八）工作中的选人用人

工作是要靠人去做的。人是推进工作、完成任务的第一资源。讲到工作，绝离不开选人用人的问题。在数十年的工作期间，我与各级领导、同事部属以及有关方面的人相处、打交道的人不计其数。在部队，我曾任干部干事、干部股长和营、团岗位的领导职务等，到地方后先后任镇长、局长等，都遇到过选人用人的问题。在这几个工作的平台上，我直接参与了考察、了解、识别干部的工作，对如何培养、教育、选拔、任用干部，也有一些心得。

我们讲到党的干部路线，大多是讲德才兼备，以德为先。如果要具体地讲如何选人用人，主要有两句话，一是任人唯贤，二是知人善任。怎样做到任人唯贤、知人善任呢？我们的一贯做法，那就是看干部的"德能勤绩廉"其实，我们通常看人，一般还看四项重要特征，即，善良、正直、聪明、能干。巴菲特说过："考察一个人如果不具备前两项（善良、正直），那后两项（聪明、能干）会害了你。"现在，有些企业老板在招聘员工时，往往只注重是否有能力、有技术，恰恰忽视了"正直、善良"这两个关键条件，因而由于用错人，导致在企业发展过程中走了弯路，教训十分深刻。美国前总统里根也曾经说过："如果你正直，这比什么都重要；如果你不善良，什么也都不重要了。"可见，正直、善良是衡量一个人人品的重要成分。在现实社会里，或者说一个团队里，人与人之间的相处，最需要的是相互尊重、相互信任、相互支持，如果没有正直、善良的品德，怎么可能做到相互尊重、相互信任、相互支持呢？

二、对曾从事的工作的一些领悟

我一生中先后曾经从事的工作，主要是两大块，一是在部队服役18年的军旅生涯，二是从部队转业到地方后的20多年，担任政府官员的工作经历。

（一）部队工作

部队工作的线条比较清晰，相对比较单纯，概括地讲，是围绕三个字开展工作的，那就是军、政、文，即军事训练、政治工作、文化教育，1983年以后，增加了培养军地两用人才的工作。

部队工作的特点主要有：（1）服从命令是军人的天职，执行力很强。（2）有严明的组织纪律性，要求令行禁止。（3）坚持正规化、规范化、制度化管理，强调整齐划一。（4）有很强的集体荣誉感，培育牺牲奉献精神。（5）突出时间观念，要求雷厉风行，不允许拖拖拉拉。

（6）团队精神好，提倡互帮互学互助。（7）副职有明确的分管工作，副职对正职负责，等等。部队这样一些特点，从本质上讲，也是一种优势，因而培养造就了大批优秀人才。事实证明：部队是一所培养人的大学校，是一座锻炼人的大熔炉。

记得《人民日报》曾经发表过一篇题为《兵没有白当》的文章，说凡是在解放军这所大学校锻炼过的人，都有许多方面的优良品格和作风，是终身受益的。事实上，也确实有很多从部队转业、复员、退伍的干部战士到地方后，在部队养成的良好素质发挥了重要作用。比如雷厉风行、令行禁止、正直正派、吃苦耐劳、勇敢坚强、乐于奉献等，这些优良品格与作风，许多军人到地方后都能继续保持和发扬，在不同岗位上勤奋工作，为国家经济社会发展做出了新的贡献，其中有的成为党政机关的领导骨干，有的在经济领域取得不俗业绩，还有的被评为劳动模范、优秀企业家及各类先进标兵，受到地方党委政府的表彰和褒奖。

我敬佩的老乡战友，现任南通化工轻工股份有限公司董事长骆德龙同志，他1978年转业到地方，1986年任南通市化工轻工公司总经理后，团结带领公司员工大胆探索国企改革的新路，创新管理，开拓市场，把企业迅速改造成一个朝气蓬勃、充满活力的新型企业，创造了许多"同行业第一"，公司为此获得"中国生产资料流通改革开放30年杰出企业"江苏省先进集体""民营企业纳税大户""江苏百强民营企业""2005年中国企业500强"等多项殊荣，骆德龙同志本人则先后被授予南通市"民营金牌企业家""十佳青年企业家""全国劳动模范"等荣誉称号，并作为全军13名特邀英模代表之一，于2007年8月赴京出席全军第三次英雄模范代表大会，受到胡锦涛等党和国家领导人的亲切接见。骆德龙同志在地方工作的优异表现，突出反映了部队人才培养的成果，是复转退伍军人的杰出代表。

就我所接触的范围而言，还有很多干部转业到地方后，由于综合素质过硬，加强自身学习，积极努力工作，在新的岗位上取得了显著的新成绩，被破格提拔使用的也不少。我相处多年的战友张永林同志，各方面都很优秀，因部队精简整编失去了提升机会，转业后充分发挥自身特长，很快在抓好基层党建工作方面崭露头角，被提拔为一家大公司的党委书记，公司曾多次被授予"上海市文明单位"称号。杨者圣同志是我们战友中比较特殊的一位，他在部队是宣传干事，转业后潜心研究民国历史，先后出版《特工王戴笠》《国民党金融之父宋子文》《国民党军机大臣陈布雷》《国民党教父陈果夫》《和平将军张治中》《在胡宗南身边的十二年》等十余本人物传记，被我国文学界誉为"民国历史人物传记创作最为独特、最具个性的成绩卓著者"。还有姜银龙、刘军、陆建生、潘建华、季方、季洪定、许茂启、郑承尧、朱善新等一些同志，在转业到地方后也都有较好表现，受到地方党组织的重用。此外，不少经部队培养多年、失去提干机会的战士，到地方干得也很出色，以实际行动给部队增添了光彩，如江苏海安锦荣化纤有限公司、江苏普隆磁电有限公司董事长李军，中国少数民族经济文化发展总公司总裁冯昌友，上海弘久实业发展有限公司董事长洪根云，民生银行上海分行原副行长汤永铭等，他们从部队退伍后，完全凭自己的勤奋和努力，抓住机遇，勇于开拓，闯出了事业的一片新天地，实现了他们的人生价值。这都是经过部队这所大学校培养锻炼后成就一番事业的生动例证。这里还特别要提到的是，绝大多数复转退伍军人到地方后，都能严格要求自己，拒腐蚀永不沾，经受住了改革开放、市场经济的考验。在他们身上所展现的良好素质，可见"兵没有白当"所言不虚。

我是 1969 年底应征入伍的，1986 年年末转业到地方，在部队服役18 年时间。1970 年当了副班长、班长，入了党。"9·13"事件发生后，部队一度暂停战士提干。战士提干恢复后，团里第一批提干有 4 人，我是其中之一，而且是 1969 年年底入伍那批兵中唯一的一个。之后，我历任排长、团政治处干事、干部股长、营教导员、团政治处主任等职。期间，被选送到中国人民解放军南京政治学院学习进修近两年。在我 18年的军旅生涯中，部队党组织和各级首长给予了我很多关心和帮助，不仅放手让我参与了许多重要工作，而且给我提供了培养锻炼的一个个台阶，使我从一个不懂事的农村青年，逐步成长为团一级政工部门主要领导，有了一定的思想水平和工作经验。这是我人生中难以忘怀的珍贵经历。为此，我要感谢部队的各级党组织与首长，感谢朝夕相处的战友们，感谢他们对我的培养教育和关心帮助！

1986 年年底，在实施 100 万大裁军的背景下，我被安排转业到地方工作。到地方后，我没有辜负部队的培养教育，认真学习新的知识，勇于迎接新的挑战，积极适应新的岗位，努力胜任新的工作。承蒙地方党委政府的信任，我被一再委以重任，并在工作期间屡次立功受奖，还多次被评为优秀共产党员，公务员年终考核连年优秀。应该说，我在地方工作所取得的这些点滴成绩，与在部队 18 年的锻炼成长是分不开的，是部队大学校、大熔炉的特殊环境、优良传统和作风熏陶了我、培养了我。

（二）地方工作

与部队相比，地方的工作头绪多、门类多、行业多、会议多、文件多，人际关系比较复杂。

概括起来，地方工作的主要特点是：（1）实行党委一元化领导，党组织书记处于核心地位，政府工作要服从党委的领导，确保政令畅通与各项工作顺利开展。（2）行政部门设置多，职能交叉，互相牵制有一定好处，但有些事的落实和沟通难以协调，以致办事效率低。（3）各级干部都比较讲究工作方法，但有的过于圆滑，城府较深，令人捉摸不透。（4）日常工作经常牵涉各种人脉，但相互关系比较复杂。（5）"文山会海"现象十分严重。（6）讲究按照程序办事，但拖沓现象突出，速度较慢。（7）领导班子中的副职较多，分工就好似分"家"，甚至会独霸一方，不让他人插手，职能交叉协调困难。（8）对个人的工作政绩比较看重。

我从部队转业时，被安置到我的出生地南通地区海安县工作。到县组织部门报到后，我先是被安排到县民政局任副局长，不久把我调任县城所在地海安镇任党委副书记、镇长，后又把我安排到县工商局任党组书记、局长。说心里话，刚开始是不怎么适应的，并不是工作内容不适应，而是工作的方式方法、工作的作风等与部队有明显区别。

到地方工作 20 多年，我摆正位置，履职尽责，力所能及地做了一些应该做的工作，办了一些有益于当地群众的实事好事，也处理了一些比较棘手的难事，这些都已得到了上级组织的肯定。但感到遗憾的是，本来还可以把工作开展得更好一些，多做一些应当做好的事情，由于体制的原因，开展工作缺乏一定的自主权，而在时间上也受到不少限制，大量的时间和精力被淹没在"文山会海"中。我这样的一级干部，一年 365 天，大约有一半的时间需要参加各种名目的会议。上级机关的有些会议开过后，我们完全可以直接抓落实，可是副职太多，还要通过他们去落实，甚至还要协调几个副职之间的关系，真是人忙人，瞎忙乎。上级机关的不少会议精神，回来后还要传达贯彻，涉及方方面面，又需要层层开会。应当说，有些会议确实是需要召开的，但也确实有些会议是可以少开或者不开的。

我初步归纳了一下，各种会议的名称主要有：（1）党组织方面的会议：党代会、党委会、党委常委会、书记碰头会、党组会、党支部会、党小组会、领导班子民主生活会、纪检工作会等；（2）人大方面的会议：人代会、述职报告会、评议部门会、视察调研会等；（3）政府方面的会议：办公会、财政工作会、经济工作会、农村工作会、菜篮子工作会、安全工作会、计划生育工作会、殡葬改革工作会、创建文明城镇会、征兵工作会、市场监管工作会、部门协调会、总结会、评比表彰会等；（4）经济工作方面的会议：招商引资会、项目论证会、营销工作会、推介会、现场会、经验交流会等；（5）群众团体的会议：妇女工作会、民兵工作会、职工代表会、共青团会等。

在计划经济向市场经济过渡的时期，企业说是市场主体，其实不然，县镇乡的许多企业是集体经济所有制，企业负责人是党委政府任命的，政府负有管理这些带有公有制性质的企业的责任，政府对企业的这种管理，很大程度上就是依靠各种会议进行部署，提出要求，掌握动态，实施管控。因此，与企业相关的会议比较多，如产品质量工作会议、营销工作会议、财务工作会议、现场管理会议、新产品开发会议、技改投入工作会议、安全生产工作会议，等等。

平心而论，这样没完没了地开会，不仅耗费了大量的宝贵时间，还折损了许多干部渴望做好工作的热忱和激情，真让人扼腕叹息。如何营造让广大干部"想干事，能干事，干成事，不出事"的工作环境，是各级党委政府必须着力研究解决的重要问题。自然，这是我不该说的牢骚话。不管大环境怎样，作为一个党员干部，在其位谋其政，会议还是照样要去出席，上级领导的指示还是要认真传达贯彻，职责范围内的工作还是要积极努力地去抓，尤其是要不断增强大局意识、创新意识、责任意识和群众意识，始终保持良好的精神状态，竭力尽心把工作做好。这些都是我在地方工作中的一些真实感悟。

（三）部队工作与地方工作的区别

部队工作与地方工作有许多相同点，也有不少不同点。

我感到，部队工作与地方工作的相同点，主要有以下几个方面：（1）都是在党的统一领导下开展工作，党委发挥政治核心作用。部队一般都是政治委员担任党委书记，地方一般都是党委书记是一把手，县（市、省）长绝大多数担任副书记。党组织书记是拍板决策的最高首长。（2）都高度重视干部队伍建设，注重抓好干部的培养、选拔和任用，突出强调正确的选人用人导向，按照"德能勤绩廉"来考核干部，坚持德才兼备、以德为先。（3）都要求树立良好的工作作风，倡导求真务实、真抓实干。（4）都实行一级抓一级，层层抓落实，一般不越级指挥。

由于部队工作与地方工作的性质不同、目的不同、对象不同、要求不同、范围不同、条件不同等等，所以，部队工作与地方工作有很大差异。我感到：部队工作与地方工作的不同点主要有以下几个方面：（1）表现在时间观念方面，军人的时间观念很强，这是因为部队多年的养成，时间就是生命，平时生活从起床到晚上熄灯，都是按时作息，不得随意更改。而地方就不一样了，时间观念比较淡薄，开会不能准时是常见的现象。一般来说，当过兵的人是不会迟到的。（2）表现在工作作风方面，部队的工作作风是实打实，不允许弄虚作假。而地方有些领导习惯于做表面文章，开会做报告"假大空"的不少见。（3）表现在人际关系方面，部队人与人之间的关系比较纯洁真诚，干部战士来自五湖四海，有老乡观念，但不会形成团团伙伙。地方就不一样了，同学、同乡、同事等人际关系比较复杂，形成不同圈子，搞不好就会带来许多麻烦，陷进圈子难以自拔。（4）表现在职务级别方面，部队的干部职务称呼不可随意，正、副职区分不会混淆，"下级服从上级"是铁律，不允许丝毫含糊。而地方的领导干部基本上是不带"副"字的，且论资排辈现象比较普遍，资历浅的干部开展工作比较难。（5）表现在做人做事的行为准则方面，部队的教育首先是从如何做人开始，组织纪律性强，上下级关系很明确，即使自己军龄比领导长，见到领导也要先敬礼。而地方干部相互之间不服气、钩心斗角、不讲规矩等现象比较普遍。

我 1986 年年底转业地方，先后在三个单位工作，由于曾担任不同的职务职级，经历不同类型的岗位，处于不同工作的位置，使我对部队工作与地方工作的区别有了比较深刻的感受和认识。

三、对离开工作岗位的一些感慨

改革开放以来，为加快干部年轻化的进程，不少地方出台政策，对领导干部的最高任职年龄进行限制，到了最高任职年龄后必须从领导岗位上退下来转为非领导职务，俗称"退居二线"。具体做法就是把县处级领导干部、部委办局领导干部由领导职务改为非领导职务，职务称调研员、副调研员，主任科员、副主任科员等，各地退居二线的年龄规定有所不同。但一旦宣布某人退居二线，由领导职务改为非领导职务，基本上就很少再分工其负责具体工作，就是等着退休了。原来担任领导职务的干部，既然已宣布退居二线，组织上又没有安排具体工作，这些干部也大多不会主动要求做工作了，生怕在职的领导干部产生反感。

有的人说，采用领导干部退居二线的做法，为年轻干部腾出位置，有利于加快培养年轻干部，对年轻干部尽快成长有好处；也有的人说，这样做，增加了国家财政的负担，因为公务员的数量无形中增加了，拿着钱不干事的人多了；还有的人说，一个 50 多岁的人，正是干事业的最佳时期，无论身体状况，还是工作经验，各方面都处于良好期，让他们退居二线，把可用的人才资源闲置起来，并非明智之举。我以为，这些议论见仁见智，都是从不同角度讲的，关键是一定要全面正确地认识领导干部退居二线的重大意义，绝不能只从个人的利益得失来分析判断。

关于领导干部退居二线，还有一种不正常的现象，那就是有一些人不愿意退二线，有的找上级领导不肯退，有的千方百计改年龄想晚退；更有甚者，有的已宣布退居二线，还到处指手画脚，干预一线领导的工作。我认为，如果是真想为党和人民的事业多做一些工作，那是值得点赞的，可绝大部分人不是这样，他们贪恋的是权力，其目的不言而喻。

我是 2002 年 7 月不满 54 周岁时退居二线的。宣布我退居二线后，我有以下几个方面的感慨。

1. 压力没有了

说实在的，单位一把手是不好当的，只要是有一些责任心的干部，对单位的管理不能放松，对上级布置的工作不能含糊，对自己的要求不能降低，处处要率先垂范。特别是各种检查、评比、考核的压力，各种名目繁多的会议、表态发言、撰写文字材料，内外部关系的协调，财政负担，安全工作，开创性工作，等等，无一不需要时间与精力来考虑，有时会感到很压抑。但是在别人眼里，往往都只看到领导干部光鲜的外表，认为当领导有权有势，既荣耀又潇洒，却不知要当好一个领导干部有多辛劳，看不到他们舍弃个人、家庭许多利益的难言之隐。我退居二线后，体会最深的是感到不再有什么大的压力了。

2. 难题没有了

我在位时，经常有人找上门来要求帮忙办这事那事，给我出很难解决的难题。这人情世故方面的事，确实让人头疼，处理起来很棘手，既要有原则性，又要有灵活性，怎样处理才能恰到好处，还真是不容易。现实社会中，特别是改革开放初期，下岗职工比较多，上级领导、单位老干部以及亲朋好友纷纷找来，要我为他们的亲属、朋友等帮助安排工作，由于确实难以办到，得罪了许多人。还有的要求职务提升的、要求分房调房的（房改前），都是政策性很强、非常棘手的难题。现在我不在位了，深感轻松，上述这些麻烦事不会缠身了。

3. 指责没有了

我最后一站是在县工商行政管理局任党组书记、局长。任职期间的那些年，制售假冒伪劣产品的较多。工商局肩负着监管市场秩序的职责，如果市场监管不到位，出了问题是要追究责任的。但在行政执法过程中，总是有这样那样的关系人找来说情，有来自上层的，有单位内部的，还有亲朋好友。面对这些，如果不讲原则，不严格监管与执法，那些违法经营者的胆子就会越来越大，市场上会出现更多的假冒伪劣产品。而在我们工商局内部，有的干部就会因此而认为我们这些领导没有原则性，以致他们在今后的执法过程中也不坚持原则。还有，如果我不给来说情的人面子，这个人就会怀恨在心，说我六亲不认，甚至以断绝关系来要挟；如果是上级领导来找我，一旦我坚持原则不予通融，说不定他就会给我"小鞋"穿。面对说情，确实很难做到让领导、群众与单位执法人员都满意，其结局就是经常受到指责，得罪了不少人，这方面的事例不胜枚举。我常常为此而苦恼。自从我退下来后，这样的指责就不会再存在了。

4. 委屈没有了

要当一个好官，是不那么容易的。如果你在工作中坚持原则，有的领导求稳怕乱，未必会支持你，对你扶正祛邪的做法，也不一定能给予公正评价；有的部属不理解，就会在背后议论你，甚至煽风点火，无事生非。那些年，我为此经常受到委屈。我从部队开始，就养成了务实的工作作风，不愿意做"老好人"，不习惯和稀泥，这样就难免会得罪人，这些人便总是寻机会找我麻烦。我在海安镇当镇长期间，有次带几名部属到镇里一家特困企业蹲点调研，针对该企业存在的突出问题，我就如何解困提出了具体要求。企业负责人对我提出的要求不高兴，嘴上不敢反对，但心里是不满意的。不久，把我安排在该企业选举镇人大代表时，他们就串通一些人不投我的票。再比如，我对部属要求比较严，曾批评个别人以权谋私的行为，这些人后来居然写"人民来信"给上级，捏造不实之词企图抹黑我。还有，有些领导偏听偏信，不能坚持原则，不敢伸张正义，我一心一意为工作，却不仅得不到领导肯定，还被批评为做法不妥，是没有管理水平，我听到这些后，能不感到委屈吗？现在，类似的委屈统统都到九霄云外去了。

5. 忧愁没有了

基层单位主要领导不好当，时常面临让人心生忧愁的事。我任海安镇镇长、工商局局长期间，有些忧愁，是常人体会不到的。在海安镇工作期间，由于从中央到基层乡镇都是实行"分灶吃饭"的财政体制。作为镇长，又是直接分管财政工作，如果一旦不能按时给机关、教师、部分事业单位人员发放工资，那会造成什么影响？面对这样的压力，我在抓好其他工作的同时，需要花很多精力抓财政收入，千方百计，采取了许多举措，多途径"找米下锅"到 U 工商局工作时，最大的忧愁是自己找来的，那就是我到任不久，看到局办公用房可以说是全县最差的，厕所只有一个男女混用的小便池。于是就想方设法筹集资金建办公用房，可我们局基本上没有多少钱，怎么办？这忧愁可想而知了。再一个忧愁，就是担心单位出事，特别是工商部门管行政执法，作为和不作为都有发生违法违纪的可能，一旦出格就是大问题。如今我退下来了，还会有什么忧愁吗？

6. 有了正常的生活规律

当领导的工作时间往往由不得自己掌握，开会、参观、检查、外出等活动都是由上级领导定，生活规律难保证；常常会有突发事件要处理，吃不上饭，睡不了觉是常有的事，生活规律经常被打破；一度，办事少不了要招待，也会有些应酬，说实话，吃喝会带来对身体的影响，更谈不上生活规律了。退下来以后，我不用再参加各类公务活动，日常起居自由了，生活规律也就逐步回归正常了。

7. 有了人生的主动权

我这样一个不大不小的基层单位领导干部，尤其是曾在海安镇党委副书记、镇长这个岗位上在任 8 年整的人，对于人生的主动权感受就太深刻了。在职时间主动权不多的主要原因是：（1）工作接触面太宽。上有县四套班子、几十个部门，下有近百家企业、四十多个行政村、四十八所中小学，还有行政事业单位、镇机关那么多部门，随时都有可能找来请示、汇报工作，要求帮助他们解决工作中遇到的难题。（2）镇党委书记是"班长"，我是党委副书记、行政一把手，很多工作的安排都要尊重党委书记的意见。他随时要我与他一起到某个单位现场办公，那是必须听从安排的。（3）会议繁多且都必须参加，上级的会议要听，接受工作任务；下级的会议要表态，帮助解决问题；本级的会议要讲话，布置工作。（4）地处县城，俗称"皇城脚下"事情多，特别是改革开放的年代，各种矛盾、难题都暴露出来，需要到现场协调解决；如果分管的领导难以解决，最后都到我这里。（5）经常有群众找来，要求帮助解决他们的实际困难，作为政府的一把手是不能回避的。我曾经感受过，如果在街上走，每走几十步，就会遇到认识我的人，有的人平时没机会找到我，刚好碰到了，他就会拉住我谈谈他的问题，我不得不耐心听取。从上述情况可以看出，在职期间的时间主动权是可想而知的，很少有自己安排作息时间的主动权，谈不上安心、舒坦地过一个星期日，几乎没有陪家人逛过街，更不可能有时间走亲访友。卸任之后，人生的主动权由自己掌握了，很多工作上的事再也不需要我考虑那么多了。

8. 有了陪家人的休闲时间

我自从退居二线以来，早晨可以陪家人一起到菜市场买菜，晚上可以和爱人一起散散步了。而在职时，这些都是根本想都不敢想的事。过去吃饭时间十分紧张，经常需要赶时间，如今完全可以悠然自得慢慢来了。

回顾几十年来工作中的风风雨雨，我感悟到，做工作就是做事；学习做事，首先要学习如何做人；懂得如何做人，才能真正把事做好。在职工作时，理应珍惜机会，尽心竭力把本职工作做好，力求问心无愧。如今退休赋闲，就要把心放宽，享受生活，颐养天年，愉快过好每一天。

第四节　生活篇

　　"生活"，是人们平日里时常挂在嘴上、使用频率相当高的一个词。从狭义上讲，一般是指日常的衣食住行，人的生存、繁衍等。从广义上讲，是指人们的各种社会活动，包括物质、精神方面的一切社会活动。

一、我对生活的认识

　　在人的一生中，生活涉及的内容与范围很广，方方面面，事无巨细。我只能就自己对生活的一些粗浅认识，写出来与大家做些探讨。

　　人的生活包括：家庭生活、社会生活、都市生活、乡村生活、物质生活、文化生活，等等。人们的学习、工作、社交、处事等，都是属于生活的范畴。

　　人的生活，从基础生活开始，逐步演化到智性生活，再从智性生活上升到精神生活。这三位一体的人生生活，方可算得上圆满的人生生活。

　　所谓基础生活，也就是基本生活，或者说是人们的物质生活，即人们日常的衣食住行。基本生活条件，是人们赖以生存的客观基础，必不可少。

　　所谓智性生活，我以为就是人们发挥自己的聪明才智，利用自己的优势、特长，把自己的特质发挥到极致，回归到真实的自己，充分地享受生活，在生活中有选择、有乐趣。

所谓精神生活，即相对于物质生活而言的生活。精神生活是人们对人类思想活动状态的一种形容。它包括对人生意义、人性的认识，人的道德品质、修养、社交、礼仪、慈善、爱情、亲情、友情、兴趣、爱好、旅游、文化、娱乐等等。凡涉及人们情感方面事情的处理，满足心理方面的需求，都应该看作人的精神生活范畴。

那么，怎样才能实现以上三方面生活的圆满呢？我有三点体会：

第一，需要奋斗拼搏。人们常说，天上不会掉下馅饼。人要生存，最起码的首先要解决吃饭穿衣问题，需要基本的生活必需品，柴米油盐酱醋茶，没有一样不需要靠自己踏踏实实的劳动来获得，这就需要奋斗拼搏。在我们国家，不劳而获是一种可耻的行为，是会受到社会舆论谴责的。我在本书前面的章节中已经提到过，我的人生道路，同样有着奋斗拼搏的艰辛历程，感受相当深刻。我自幼家境贫寒，青年时参军到部队，中年转业回地方工作，很多事情都不懂，不少方面没依靠，尽管也得到了领导与同事们的关心帮助，说实话，一路走来有今天，最关键的还是要靠自己的奋斗拼搏。

第二，需要良好心态。当今社会竞争十分激烈，要想生活更美好，就必须始终保持良好心态，坦然面对眼前的喧嚣世界，包括工作的选择，重要事项的抉择，人情世故的处理，遭遇坎坷的跨越，等等。人是生活在一定环境之中的，不可避免地会遇到这样那样的问题，我们如何去面对，就会有什么样的生活。持乐观的心态，就有良好的心情，就有快乐的生活，即使不幸患上了疾病，也能够很快战胜病魔。我有一位拳友，她10多年前患了癌症，曾先后动过三次手术，医生给出的结论是最多能活3-5年，可是这位拳友并没有被医生的话吓倒，而是不断调整心态，坦然地看待自己的疾病，现如今已经10多年过去了，身体状况一直保持良好，并没有发生医生所说的那种情况。我曾经看到一个故事，一个大学的中文教授和音乐教授同时下放到农场劳动，安排他们整天割草，中文教授思想苦闷想不开，没几年就抑郁地离开了人世，而音乐教授用4/4的节拍割草，且嘴里还哼着曲子，他很乐观，几年后又回到了大学讲台，模样几乎与下放到农场前差不多。这个事例也许具有偶然性，但至少说明，当厄运不期而至时，心态不同的人，生活状态大不一样，最后结局也不一样。

第三，需要思想境界。我感到，一个人如果把人生的意义搞明白了，树立了正确的人生观、世界观、价值观，人的精神生活就一定是丰富多彩的。即使是普通人，在生活中如果失去精神支柱，生活往往会处在闷闷不乐之中，生活也就快乐不起来，也就没有多大意义。我虽然达不到范仲淹"居庙堂之高则忧其民，处江湖之远则忧其君"的爱国精神境界，但我始终坚守"为官一任，造福一方"的为官之道，在其位谋其政，在尽力做好本职工作的同时，洁身自好，严以律己，在商品经济的浪潮中，做到了"出淤泥而不染，濯清莲而不妖"，实现了"光荣退休，平安着陆"。

二、我的生活经历

我的生活经历与许多同龄人有些不同，主要体现在以下几个方面。

第一，从人生年龄看，我童年时期在县城生活，少年时期在乡下生活，青年时期在军旅生活，中年时期从部队转业到地方后在县城生活。退休后，因为小孩在美国工作，我与我爱人曾多次远赴美国，在那儿生活了一段时间。

第二，从人生状况看，我在艰难困苦中度过少年时期，在奋斗拼搏中度过青年时期，在紧张繁忙中度过中年时期，现在，我在快乐幸福中享受晚年的生活。

第三，从人生感受看，我曾在多个不同的区域生活，感受各有不同。说实话，我小时候在农村生活，缺衣少食，那条件是太差了，冬天一片萧条，到了夏季，苍蝇到处飞，晚上蚊子叮，几乎没有美好的感觉。现在的农村与过去大不一样了，生活条件有了很大改善，空气新鲜，吃穿不愁，农村人还都比较淳朴，我们在县城住惯了，反而向往农村的生活了，有机会去农村住几日的话，感觉不差的。相比之下，都市生活节奏快，社会交往相对较多，人际关系也比较复杂。

三、我的生活方式

我的生活方式是简单、平淡、朴实的，我是一个在衣食住行上没有很高要求的人。在职工作期间，每天就是上班、下班、吃饭、睡觉。高消费、娱乐游玩等对我来讲是一种奢望。不少同事私下里都说我是一个工作狂。与我相处久的朋友都知道，我还有一个特点，那就是比较豪爽。关于我的生活方式，主要有以下三个特点。

第一，我习惯简单的生活。所谓简单，就是对人、对事、对自己，不会考虑得太复杂，该说的说，不该说的尽量少说或不说，自己喜欢做的事就做，不喜欢做的事绝不勉强自己做。与同事、朋友相处，习惯于直来直去，不玩心眼儿，不搞虚头巴脑的事，就是简单率真，随遇而安。

第二，我安于平淡的生活。在日常生活中，我并非不愿意过得潇洒一点，但凡家里的喜庆事，我内心是希望能办得体面一点的。但是，我是党政机关干部，必须严格要求自己，要对平淡的生活安之若素，低调做人，绝不能讲排场，摆阔气。我的这种生活方式，并非对他人的要求，更不是对其他群众举行喜庆活动有看法。如今老百姓生活富裕了，办个喜事隆重些，我觉得很正常，只要不过分，都是可以的。多年以来，我头脑一直十分清醒，党政干部如果在办理家庭婚丧喜庆时大肆铺张，邀请许多客人，就会有借机敛财、变相受贿的嫌疑。我们夫妇和小孩过生日，从来不请外面的客人，最多也只是家里人和几位亲朋好友一起聚聚，不会刻意大操大办。我岳父1998年去世，我时任工商局党组书记、局长，不少人闻讯前来吊唁并送慰问礼金，事后，我请局办公室主任、财务科长等代我把收受的礼金全部逐一退还给本人。在平日的社会交往中，我也有很多朋友，不是没有人情往来，只是对自己确定了底线，把握好了尺度。

第三，我喜欢朴实的生活。所谓朴实，就是朴素大方，不赶时髦，不追求奢华，平时吃穿讲究实惠，崇尚自然，清爽整洁，说得过去就行了，不会刻意有什么要求，比如名牌什么的。诚然，如果衣着邋里邋遢的也不好，党政官员毕竟还有个公众形象问题。再就是与人相处，要踏实持重，心口如一，待人真诚，性情豪爽，不虚情假意，不说一套做一套，不搞阿谀奉承，尤其是战友、朋友聚到一起，喝酒聊天，以诚相待，充分体现真性情。

四、我的生活标准

这些年，党中央着力改善民生，提出到 2020 年我国全面实现小康的奋斗目标，并对扶贫脱困工作做了全面部署，这一系列举措就是要切实提高我们普通老百姓的生活水准。说一千道一万，共产党领导人民闹革命，不就是要让广大群众过上幸福生活吗？但作为各级党政干部，在人民群众生活水平还没有普遍提高的情况下，我们的生活标准不能脱离群众，不能片面地追求过高，要带头过紧日子。特别是要杜绝随意利用公款吃喝招待，绝不能追求奢靡享乐，一定要严格执行好廉洁自律的相关规定。我工作过的单位，干部职工基本上都知道我的生活标准，从不讲究吃喝，招待来客都是在食堂，标准不会高的。我不追求品牌名牌，不贪图享乐，不喜欢高档消费，注重处处节俭。当然，随着社会的发展进步，我说这些是有些不合时宜，物质丰富了，经济条件好了，人应该充分享受生活的乐趣，适当提高生活标准无可厚非，要全面准确地理解新形势下艰苦朴素的含义。

五、我对生活的感悟

从一定意义上讲，生活是一种经历，是一种感觉，是一种悟性，是一种心境。回首我的人生经历，我对生活的感悟是：

第一，我们应该重视生活。所谓人生，也可以讲就是人的生存、生活。

人的生存、生活，首先是要解决温饱问题，通过自己的诚实劳动与勤俭持家，着力把家庭物质基础搞好打牢。其次是要善于生活，尽可能把自己的生活安排得好些。家庭富裕程度是一个重要因素，但不是决定因素，关键还是要看对生活质量的理解以及安排。再次是要不断提高生活的幸福指数，生活条件好了，就不是仅仅满足于吃饱穿暖，还应当有精神生活方面的需求，关注身心健康，追求高雅的生活情趣，陶冶高尚的道德情操，力求精神"富有"，真正达到"为人处世云淡风轻，人生生活春暖花开"的理想境界。

第二，我们应该面对现实生活。生活在不同的年代，会有不同的生活方式；生活在不同的家庭，会有不同的生活条件；生活在不同的年龄段，会有不同的生活内容。人的一生，伴随着喜怒哀乐，包含着酸甜苦辣。电视连续剧《篱笆·女人和狗》有一首插曲，叫作《苦乐年华》，歌词中写道："生活是一团麻，那也是麻绳拧成的花；生活像一根线，也有那解不开的小疙瘩呀；生活是一条路，怎能没有坑坑洼洼；生活是一杯酒，饱含着人生酸甜苦辣；生活像七彩缎，那也是一幅难描的画；生活是一片霞，却又常把那寒风苦雨洒呀；生活是一条藤，总结着几颗苦涩的瓜；生活是一首歌，吟唱着人生悲喜交加的苦乐年华。"面对生活中的种种际遇，不管怎样，我们都要勇于面对，积极面对，不惧困苦，不羡奢华，荣辱不惊，潇洒达观，把握自我生活的主宰，当好生活的强者。

第三，我们应该懂得生活。人的一生，时刻经受着名利得失的考验。要过上幸福快乐的生活，最重要的是淡泊名利，远离无谓的争斗，摈弃各种不切实际的念想，一定要记取"生不带来，死不带走"的名言。特别是工作了一辈子退下来的老同志，要珍惜最后的人生时间，懂得爱惜自己，过好晚年生活。我真诚地奉劝有些已经退休的老同志，退了就退了，何必徒生伤感？地球离了谁都照样转动，现在该关心的是自己的身体，该思考的是如何安度晚年。特别是人到老年，更要懂得生活，"夕阳红"依然是一道美丽的风景，唯有天天快乐，方能幸福永远。其实，经营好自己的生活何尝不是一门学问？

我们敬爱的朱镕基总理，不仅是为党和国家做出杰出贡献的卓越领导人，还是一位懂得生活的智者，他的《退休后的 10 个切记》，紧贴日常生活，充满生活哲理，让人回味无穷。这里，我不妨把网上流传的朱镕基总理题为《退休后的 10 个切记》的帖子摘录给大家分享。

一要切记：岁数大了不是本钱。这年头什么都值钱，就是岁数不值钱。心里千万别有那么多的"应该"或"不应该"。喊你声"老头儿"没什么错，叫你声"老先生"是对方的教养。年轻人凭力气抢先占座，那是生物本能，有人给你让座，一定要说声"谢谢"，那是有幸碰到了好人。

二要切记："想当年"不是人人都爱听的话。如今不是忆苦思甜的年代，没人愿意听你的光荣历史和坎坷经历，你吃过的野菜，现在变成高档菜肴，你垦荒造田，现在成了破坏生态，红军煮皮带充饥的故事让年轻人没法理解。因此"想当年"的话要适可而止，毕竟"当年"不如"当今"。

三要切记：少管闲事，特别是家中的"闲事"。孙辈的教育是子女的事，不是你的责任，如今都是"奥特曼""灰太狼"时代了，你还在讲"从前有座山，山上有个庙……"与子女相处，千万不要喋喋不休，大事上表个态，听不听别计较。子女征求你的意见那是对你的敬重，自己要主动追求个清闲自在。

四要切记：年轻人一定比你忙。你想孩子了可以打个电话，孩子想你了可能连打电话的时间都没有，千万不要为这事较真儿，记住抱怨多了会"两败俱伤"。如果孩子真来看你，千万不要找理由强留着，孩子们"花时间"与"花钱"一样，是用金子买光阴，能抽出一分钟来看你是好事。如果不给孩子一个"花时间"的宽松环境，今后看你的次数只能是越来越少。

五要切记：自愿付出时别想回报。不要总把为别人做的事挂在嘴上。帮子女做饭洗衣、照看孩子，没有不辛苦的，但千万别当着子女的面倾诉，权当是为社会做了义工。"尊老爱幼"永远把"爱幼"放在第一位，因为"朝阳"总比"夕阳"能让人憧憬。记住"付出"是送给别人的东西，不要总想着再"找补"回来，那会让所有的人不愉快。

六要切记：不要总想着改变别人。邻家女孩乍暖还寒穿上了短裙丝袜，那是姑娘喜欢"美丽冻人"；老伴做事丢三落四，无法完美，那是多年来难改的顽疾。其实每个人都有自己的习惯和活法，原本没有绝对的错对，改变不了别人就试着改变自己，其实你自己也很难改变。与其这样，不如来个和平共处，淡然处之总比指手画脚让人喜欢。

七要切记：待人处事别太抠门，钱多钱少都要有个爽快大度。对亲朋好友自不必说。对子女买来的东西，也一定要说声"谢谢"，想着付钱。虽然很多人不缺钱，但咱要的是那种坦然。把数得过来的养老金花费好，那可是一种智慧。人死了钱没花完真的不如生前开明大义些；把积蓄全花完了也不是个办法，毕竟人没死钱没了会更悲哀。

八要切记：邋邋遢遢不是小事。人老了懒点可以，但千万别懒在穿衣戴帽、洗刷卫生上。你要保持艰苦朴素的传统也可以，但要记着整洁干净。这年头世界都变成地球村，国与国、人与人的关联更加紧密，别因为自己邋遢影响了家庭的生态。你的卫生、你的穿戴不是你自己的事，那是家庭的招牌，子女的脸面，你不在乎不行，因为有太多的人在乎你。

九要切记：千万别像存钱那样存着破烂。有道是"破家值万贯"，那是上世纪前的说法，见什么都稀罕，那是老化的征兆。不常用的东西，真用的时候不一定记得起，记得起也不一定找得到，所以还是早早处理掉好。大件的东西赶快更新，说不定以后花钱撵它走都不容易。

十要切记：别老想着靠子女，消除寂寞还得靠自己。自从四合院改成了单元房，放飞的都是小家庭的梦想。小家庭的日子就像私家车，虽然都在一条线上跑，却没人愿意合拼车。老年人要广交朋友，储蓄友谊才是老年人应当尽早做的事情。当你不能再嬉戏走动时，依然可以给新老朋友打个电话，去交流喜欢的美好话题。

各位朋友：你如果是年轻人，请把朱镕基总理的"10个切记"转告你的长辈，同时，自己要适当理解老人。你如果是老人，请把朱镕基总理的"10个切记"记在心间，并与老龄朋友分享。你能记住，又能做到，你就是幸福快乐的老人。

第五节　做人篇

怎样做人，这是我们每个人每天都会遇到的问题，也是我们无法回避、必须正视的问题。自我们小时候起，《三字经》《弟子规》等启蒙读物，就已经开始给我们灌输怎样做人的道理。

公元6世纪末，我的祖先颜之推编纂的《颜氏家训》，是汉民族历史上第一部内容丰富、体系宏大的家训，被后人誉为告诫子孙如何做人的家教典范，曾产生过很大影响。几十年来，先人的哲思涤荡我的心灵，开启我的心智，陶冶我的情操，滋润着我的生命，为我学会做人、懂得如何做一个好人指明了方向。

在生活的实践中，我曾与很多人打过交道，接触过许多成功人士，也见证了不少失败者，对于他们成功或失败的主要原因，我窃以为就是如何做人，这是至关重要的一条。任何一个人，不管你学问有多高，有多能干，社会背景有多好，家庭条件有多优越，如果不懂得怎样做人，那他最后很难有好的结局。可以这样说，做人做事是一门艺术、一门学问，不可不好好琢磨。

我感悟到，要掌握做人这门没有教科书的学问，说难不难，说不难其实很难。我将其归纳为四个学会。

一、学会处世

做人首先要学会为人处世，其中有以下五个方面最为重要。

第一，三种人要珍惜：亲人、恩人、友人。

父母是我们最亲近的人，养育之恩是永远难以报答的。但凡亲人，都有一定的血缘关系和情感交集，血浓于水，情深意长，我们理应十分珍惜。恩人就在我们身旁，他本没有任何义务帮我们，但依然无私地施以援手，给予我们各种关爱，滴水之恩，当涌泉相报，我们没有理由不加以珍惜。与友人之间的感情是日积月累的，患难与共，相互帮衬，经受了时间的考验，我们同样应该倍加珍惜。试想，一个人如果对亲人、恩人、友人都不好好珍惜，那还侈谈什么"做人"？又怎样为人处世呢？

第二，"三碗面"要"吃"好：情面、体面、场面。

我们常说"人难做，做人难"，说的是处理人情世故之难。面对各种人和事，难就难在三个方面，一是情面问题。比如，有人邀请你赴宴做客，你该不该参加，这情面给不给？我感到，这个情面，该给的不给不对，不该给的给了也不对。这里我把我爱人被安排下岗的事作为一个事例来讲。有一次，我爱人所在企业负责人邀请我出席他们公司安排的一次晚宴，我没有前往出席，也就是没有给他们面子。据了解，安排这次晚宴的背后，是一个化工项目的洽谈，我对这个项目一直有看法，而我是镇政府主要负责人，一旦出席不便讲话。由于我没有给面子，企业负责人耿耿于怀，不久就安排我爱人下岗。这就是没有给人面子的后果。但对这件事，我并不后悔，因为我坚持了做人的基本原则。二是体面问题。人都是要面子的，讲究所谓的"体面"，但往往比较难以拿捏。就拿孩子的婚庆喜事来说，现在不少人都很看重这件事，如果举办婚礼的酒店一般，标准一般，重要的客人都没有邀请到，孩子、亲朋好友以及左邻右舍都会认为"不体面""丢面子"。可是，话又说回来，如果婚礼过于铺张和奢华，这体面可能就不"体面"了。因此，对于是否体面的问题，一定要具体分析，要恰当看待自身的经济现状，绝不可盲目地追求所谓的体面。三是场面问题。就是一个人在特定的环境下，如何处理好各方面人际关系，比如，如何得体地与人交流，如何注意应有的礼节礼貌，如何把握说话的分寸，如何摆正自己的位置，等等，千万不能不顾及场面而随心所欲，尤其是要防止由于自己失态而把现场气氛搞尴尬了。我以为，这些都是处世之道。

第三，三项品行要修炼好：真诚、正派、善良。

真诚，就是讲究诚信，真心待人，不虚情假意。正派，就是品行端正，言行一致，处事公道。善良，就是心地纯洁，与人为善，乐善好施。这三个方面是做人的准则，是立身之本。做到了这三条，大家就会认可你的人品，做人就有了人缘，做事就会比较顺达。诚然，真正做到真诚、正派、善良，则是一个需要长期修炼的过程。

第四，三个方面要看淡：金钱、权力、名利。

凡人都有欲望，但必须正确把握，不可恣意妄为。有段子云：钱多钱少，够用就好；位高位低，健康就好；家贫家富，和睦就好；有烦有恼，理解就好；在家在外，平安就好。这个段子通俗易懂，无非是提醒人们不要过于在意那些"身外之物"在现实生活中，金钱少一点，物质生活清贫一点，不影响心灵的充实。权力是人民赋予的，如果把权力当作自己的，则难免葬送了自己。名利人皆图之，无可非议，但千万不可不择手段地追名逐利，名利只是"浮云"，生不带来，死不带去，何不看淡一些呢？

第五，三种人要远离：固执、抠门、耍滑。

要学会为人处世，还要把各种各样的人际关系处理好。大千世界，千人千面，不足为奇。关键是我们如何与各种不同层次、品格、个性的人相处，这也是有学问的。比如，对心胸狭窄的人，这种人遇事爱钻牛角尖，固执己见，与他过多争论确实没有必要。况且，人生在世，没必要把所有的事情都争明白，即使争赢了理，但输掉了情。多一份平和，多一份温暖，生活会更阳光灿烂。抠门、爱占便宜的人，这种人只会想着自己，唯利是图，他根本不懂这世界上的人都不傻，你不关心别人，别人也会离你远去。我觉得心甘情愿吃亏的人，终究吃不了亏，因为人心是杆秤，大家都看在眼里，你甘愿吃亏，自然积攒了人缘，所以说最终不会吃亏。占便宜的人一般都是鼠目寸光，你想占别人的便宜，一次两次可以，再多是不可能实现的，这种人基本上没有信得过的朋友，这样的人还能走多远呢？耍滑头、玩小聪明的人，这种人最终成不了事业，因为耍小聪明会失去别人的信任，一个人的诚信度是一个人的品牌，没有品牌的商品是低端商品，没有品牌的人同样不能赢得人们的信赖，信誉度不高的人，到头来都会以失去人心、事业无成而告终。

二、学会说话

如何做人，最基本的方式就是说话。怎样说话，怎样得体地说话，同样是一门学问，大有讲究。有一次，我与一些同事、朋友等在一起吃饭。吃饭时难免会谈论到某人某事，我当时考虑不周，就某事说了一些带有表态性质的话。结果，第二天我说的这些话就传到了当事人耳中，以致产生了一些误解，教训十分深刻。我为此感到，说话务必择时择地，有些话不宜在有些人面前讲的不讲，不宜在有些场合讲的就不讲。同样一句话，不同的语境，常常会产生不同的效果。我这里总结了关于说话需要注意的几个问题。

第一，关于说话的时机、场合与对象。郑板桥有一句"难得糊涂"的名言，其实，在很多场合，我们不妨糊涂一点，少说话、不说话。首先，要把握说话的时机，这是人与人之间情感交流的关键。既不要抢着说，又不要一言不发；别人讲好了，你却一直不说话，这样往往会使刚发言的人感到很尴尬。其次，有的话不能随便说。比如，领导给你布置工作，你还不以为然地说什么我尽量吧，这样，领导一定会认为你不尽力。再有就是个性比较耿直的人，不爱开玩笑，他会把玩笑话当真话，搞不好是会生气的。还有，有的人正心事重重，根本没有心情听你的玩笑话，你还在开玩笑，他一定会生气的。因此，把握说话的时机、场合与对象，是必须十分注意的。

第二，关于说话的语气、语态。说话方式，有委婉的、有坦诚的，有含蓄的、有直率的，有阴阳怪气的、有爽爽快快的。一个人说话的态度是强硬的还是软弱的，表情是轻松的还是严肃的，语速是较快的还是较慢的，都能给别人带来不同的心理感受，或平等融洽，或居高临下，所产生的效果完全不一样。

第三，关于说话的措辞、分寸。说话前，首先对对方要有所了解，要有心理共容的基础，这话出口，要能打动对方的心坎，只有"通情"了，才能"达理"。该说的就说，不该说的坚决不说，特别是在职场，管理者对下属说话，说话的技巧很重要，俗话说："一句话说得人笑，一句话说得人跳。"这就是说话会带来不同的效果。说话要有利于调动员工的积极性，说话的分寸一定要把握好。在别人说话时，切忌随便插话，你突然中间打断人家的话题，不仅说话者感到莫名其妙，打乱了说话的思路，而且其他听众也感到你是一个不懂礼貌的人。还有，说话要坚持不卑不亢，恭维的话不要太过分。

第四，关于说话的内容。说话的内容多少不重要，而重要的是要有意义，要有价值，要有信息量。有些人一开口就口若悬河，但言之无物，废话连篇，让别人很讨厌。因此，在不少情况下，你可以不说，但绝不可以瞎说，没有什么实际内容的话最好不说或少说。还有的人喜欢诡辩，强词夺理，这就更不好了。

第五，关于说话的基本原则。在人际交往中，可说可不说的话最好别说，没经过考虑的话也不要说，不利于团结的话更是坚决不能说。只要做到不听是非、不说是非、不传是非，我们就能较好地远离是非。如果我们说出口的都是帮助人的话、鼓励人的话、感恩人的话，这样下去口业自然就清净了，口德也会成就，离生福远祸的地步也就不远了。自然，这样做人，也许就可以说是比较成功了。

三、学会沟通

所谓沟通，就是人们相互之间敞开思想，心平气和，坦诚交流，消除隔阂，从而统一思想、达成共识的过程。单位的同事之间、社会的朋友之间、家庭的成员之间，常常会因为对一些问题的看法不一，形成思想认识的差异，如不及时解决，消弭分歧，形成共识，就会陷入互相对立之中，矛盾会越来越多，进而影响彼此感情，妨碍事业进展。

学会沟通，是如何做人的基础，对于解决人际矛盾、化解彼此隔阂，具有重要意义。关于沟通的方式方法，我的体会是：

第一，沟通需要双方的良好素质。不能不承认，与有些人交流思想是很难化解矛盾的，与有些人谈心是无法有效谈下去的，用一句不太恰当的话说，简直就是"对牛弹琴"所以，沟通双方都需要有良好素质，否则，再多的沟通也是无济于事的。

第二，沟通需要勇气。沟通前要有充分的思想准备，勇于接受沟通对象的批评意见，不要顾及面子，要有承受力。

第三，沟通需要真诚。有人说，再好的解释都是苍白无力的。这句话的意思是，一旦相互之间有了看法与矛盾，沟通很难解决问题。我觉得，能否解决问题，取决于双方有没有真诚的态度。沟通是需要真诚的。平级之间沟通，需要其中一方主动点；上下级之间沟通，需要领导放下架子，平等主动找下属交换思想，切忌居高临下；家庭成员之间沟通，需要长辈与晚辈彼此尊重，情感交融。

第四，沟通需要坦荡。沟通时双方都要高姿态，主动承认自己的不足。沟通的目的是化解矛盾，如果此时还自以为是，片面指责对方，那是很难沟通的。沟通需要坦诚，需要以心换心，如果没有坦荡宽阔的胸怀，沟通的效果不会有多好。

四、学会认识

在日常生活中，学会正确认识遇到的人和事，这是决定我们如何做人做事的重要前提。同样的人和事，认识不一样，产生的最终结果就会完全不同。

第一，认识的重要性。认识是对外部客观现实的反映，但不是死板的、凝固的和一下子完成的，它表现为通过各种形式和不同阶段而实现的能动的辩证过程。正确认识客观世界、正确认识我们正在做的事，关系到我们走什么道路、立什么为业，与什么人交友，而这些需要反复不断地认识。

第二，如何认识人。俗话说，画虎画皮难画骨，知人知面不知心。这段话说的是认识一个人很难，对人的真实想法是比较难把握的，但也不是完全不可知的。一般而言，有戴着三种不同面具的人，一种是铁皮面具，铁皮面具蒙面的人，一般很难看到、进而看清他的真实面孔；第二种是纱布面具，对纱布面具蒙面的人，要透过纱布的孔才能看到他的面孔；第三种是薄纸面具，对薄纸面具蒙面的人，只要用手指轻轻地一捅，纸就破了，就比较容易地看到其人的真实面孔。戴第三种面具的人好识别，用铁皮面具蒙面的人是比较难识别的。不过也不难，只要我们有了一定的社会阅历，善于分析观察，与其交往接触多了，他的城府再深，也会露出"庐山真面目"。

第三，认识的基本方法。人是有情感的，凡人都会通过言行举止反映出来。一个人的言行举止，总会流露出内心世界的东西。比如，激情总是要宣泄，爱恋总是要表达，痛恨总是要暴露，恩德总是想报答，仇恨总是想报复，等等。因此，我们只要注意听其言观其行，就不难了解一个人了。当然，我们绝不能简单化。一般说来，经常在你面前说好话，且专挑你喜欢听的话说，这种人基本上可以说是吹牛拍马，阿谀奉承之人，此人绝对不是你的知己。对这种人的话，只能听听而已，千万不能飘飘然。另一种人是当面不会说好话，也不想说好话，甚至还说了你不愿意听的话，但这种人心地一般都很善良。还有一种人，在你面前很会做人，甚至巴结你，但背后他有一本账，甚至设圈套糊弄你，你千万不能上当，不能糊涂。另一种人是实实在在的老实人，心直口快，敢于当面提意见，甚至不留情面。应该说，这种人是性情中人，是可以做朋友的人。还有一种人是要特别提防的，那就是背后议论，挑唆别人，搬弄是非，唯恐天下不乱，于你明不争，但暗里针锋相对的。这才是最可怕的小人。

我感悟到，如何做人，是认识论与方法论的有机统一。先辈哲人已有过许多教诲，我们应当"温故而知新"，悉心领会，付诸实践。以上只是我的一些感性认识，并不完全准确，还有待于不断学习认识、不断探索提高，并愿意继续与各位朋友切磋交流。

综上所述并加以归纳，如何做人，离不开以下十个方面：1.严以律己，宽以待人；2.诚信为本，一诺千金；3.与人为善，切忌骄横；4.取之有道，用之有度；5.关爱他人，不图回报；6.通情达理，亲和待人；7.明辨是非，真诚正直；8.己所不欲，勿施于人；9.找准坐标，低调做人；10.不卑不亢，行为规范。

第三章　我的人生感悟

经历是一种财富。我们每个人的人生感悟，无不源于人生经历，与人生经历密切相关。回望我近 70 年的人生道路，当过兵，从过政，历经许许多多的人和事，曾经沧桑，不免感慨。

应该说，人来到世上，都会有许多的人生感悟。但有的人不一定想说愿说，而我之所以要写《人生感悟》，就是想把这些感悟总结出来与大家分享，旨在给朋友们带来美好的回忆，为朋友们提供一些有益的经验教训，供朋友们作为借鉴。

第一节 在军旅

　　我是在部队锻炼、成长起来的干部，与部队首长、战友结下的情缘是终身难忘的。军旅生涯是我的人生中最重要的篇章，我始终以自己曾经是一名军人而骄傲和自豪。在部队的10多年时间里，我所学到的不仅有军事知识，还有政治、经济、文化、历史、地理等方面的知识。更重要的是，经过部队环境的熏陶，我积累了比较丰富的基层工作经验，具备了一定的思想理论水平，而且人品、素质、体魄等各方面都得到了提升。

　　历经18年的军旅生涯，我深深地感悟到，参军入伍是我人生的重要转折点。部队确实能培养人、考验人、锤炼人。经过严格正规的学习训练，军人身上一般都具有如下的个性特征：（1）意志力强；（2）忍耐性强；（3）组织性强；（4）纪律性强；（5）责任心强；（6）自制力强；（7）执行力强；（8）有勇敢精神；（9）有牺牲奉献精神；（10）有魄力；（11）有荣誉感；（12）有良好的体质；（13）有一定的军事素养；（14）有较好的文字写作水平；（15）有一定的语言表达能力；（16）有礼貌；（17）有爱心；（18）有良好的心理素质；（19）有自觉性；（20）讲究卫生；（21）注重仪表；（22）做事严谨不马虎；（23）善于学习；（24）善于思考；（25）善于沟通；（26）善于总结；（27）能吃苦；（28）能独立完成任务；（29）会做思想工作；（30）正直正派；（31）讲诚信；（32）勇于担当；（33）心胸坦荡。

以上这些个性特征，在绝大多数军人身上都会较好地体现出来。具备这样一些特征的，才不愧是军人。军人，这个既光荣又神圣的称呼，来自他肩负的神圣使命。要担当起这神圣的使命，不仅要从思想上明确自己身上的重任，而且要落实在实际行动中，这就要经过刻苦的学习与严格的训练，在摸爬滚打中不断磨炼意志。

回顾 18 年的军旅生涯，我深深感悟到，个人的成长进步，固然有自己的努力，但离不开各级首长的培养教育，离不开战友们的关心帮助。与同样年龄、同样军龄的战友相比，我在部队算是进步比较快的，平均每两年上一个台阶，未满 35 岁即被提拔为团政治处主任。

我的部队经历以及切身体会有以下十个方面。

一、部队生活的初步体验

从老百姓到军人是一个过程，不是换上了绿色军装就成了军人，现实不是那么简单的事。穿上绿色军装，只是外表上有了军人的模样，只是向成为一个军人迈出了第一步。作为军人，都要经过严格的军事训练，唯有具备了较高的军事素质、良好的体魄气质、顽强的个性特点等，才能算得上是一个合格的军人。

一般来说，新兵入伍到部队后，都要经历不少于三个月的新兵训练。新兵训练是老百姓到军人的起步阶段，是对部队生活的初步体验。野战军部队的生活条件是比较差的。1969 年年底，我刚到部队时，每人每天生活费标准是 5 角钱。在野外训练是没条件洗澡的，冬季露天吃饭，吃不到热饭，喝不到开水，更谈不上用热水洗脸洗脚了。那时候，如果住在部队营房还好些，连队可以种菜以弥补生活费的不足。新兵集中在一起训练，那生活条件就更不用说了，我们睡觉没有床铺，都是垫一些稻草的地铺，很多人睡在一起，一个班一条线展开，班长睡在靠门口第一个，副班长睡最后一个。每天早晨天不亮，听到起床号吹响，起床动作一定要迅速，几乎上厕所都来不及，就要到操场集合出早操。因为是冬天，天气很冷，基本上都是零下几摄氏度，班排长就带着我们先跑步取暖，由于穿的都是刚发的新棉衣比较暖，很快就能跑出汗来。出汗后回凉很容易让人生病，但新兵都不太懂，因此经常出现病号。早晨跑步后，还要进行队列训练，一小时出操，回来后抓紧洗漱，整理内务，时间很紧张，自来水的龙头又不多，那么多新兵挤在一起，等水很困难，常常几个人一起马马虎虎洗一下就完事，如果动作慢了，就赶不上集中站队开饭。

从老百姓到军人，整理内务是部队养成教育的重要内容，是培养每个战士服从命令、统一行动的军人素质的一项基本功。其中，我们每天必须把被子折叠得像豆腐块一样，平平正正，有棱有角，看不到一点皱纹，且全班的被子摆放要在一条线上。但我们新兵的被子不好叠，因为新的棉絮是松软的，不像老兵的被子用了几年，且已经叠了好多次，被子都有了相对固定的折叠线条了。还有，全班的茶缸放在一起也要整齐，牙刷摆放要朝着一个方向。毛巾如果有挂的地方，必须挂一样高低，如果没有挂的地方，要叠成方块，整齐统一地摆放在茶缸上。这些看起来都是小事，却正是从一点一滴养成，都是为了培养军人整齐划一的行为规范，以求逐步达到"一切行动听指挥"这就是军人与老百姓的不一样。

在新兵训练中，队列训练是一项必修课。队列训练看上去就是练怎么走路，用军事术语讲叫作步伐训练。队列训练，包括立正、稍息、向左（右）看齐、齐步走、跑步走、正步走、向左（右）转、向后转等。没有当过兵的人看到这些动作，可能会认为很简单，心想我都十七八岁的人了，还不会走路？事实上，队列训练与常规的走路还真不一样，有许多要领，要真正按照标准练，并且达到全班（全排甚至全连）整齐划一，那可不是容易的事。我们常在电影电视里看到阅兵的队伍整齐划一、雄赳赳气昂昂地走来，那绝不是一朝一夕之功，必须严格地反复训练，才能达到那种水平。何况，队列训练的时候，既枯燥无味，又疲劳不堪，对人的意志与耐力都是极大的考验。

为了训练与培养我们新兵的快速反应能力，新兵连队经常搞紧急集合，而我们刚到部队的新兵普遍都怕夜间紧急集合。进行紧急集合的时间是不确定的，有时是刚睡下来一会儿，有时是深夜，还有时是凌晨。当时有句比喻，叫作"新兵怕号"只要听到紧急集合号吹响，新兵都会十分紧张，唯恐动作慢了掉队。穿衣服、打背包、背挎包、拿武器等一系列动作，不能少一样，互相不能干扰，否则就会乱套。刚开始的几次紧急集合，各种情况都有，有的把别人的衣服拿去穿了，有的刚到集合点背包就散了，还有的忘了带武器，真是洋相百出。有的战士担心紧急集合时来不及，晚上睡觉都不敢脱衣服，或不敢把被子展开。凡当过兵的人都知道，紧急集合是新兵比较害怕的一项训练。

新兵连队安排有很多学习教育的内容，其中，条令条例教育是基础，目的是引导新兵熟悉了解部队的"规矩"，懂得怎样做一个合格军人。在新兵连队期间，连首长一般都利用下雨天不能在室外训练的时间，组织我们进行各种条令条例的学习教育，并且强调这是从老百姓到军人的必修课。这些条令条例，主要有内务条令、纪律条令、队列条令、保密条例等等，都是军人的行为准则，对军人的一举一动，一言一行都规定得很清楚，不仅要求应当做到站有站相、坐有坐相、走有走相，而且要做到团结、紧张、严肃、活泼，做到一切行动听指挥，自觉遵纪守法。我在军旅生涯的18年，严格按照条令条例规范自己的言行，养成了一个军人应具备的作风与品格。时任海安县委书记洪锦华同志，曾多次说我是最典型的军人作风。

经历真枪实弹的严格训练，是提升军事素质的必要步骤。我刚当兵时，正值珍宝岛事件发生之际，中苏两国处于严重敌对状态，"准备打仗"是那时候我们天天要喊的口号之一，上级还提出"一切从实战出发"做到严格训练、严格要求。我们在新兵连队主要是进行基础训练，其中包括投弹、射击等。新兵训练结束后，分到老连队，训练的内容就多了，射击有手枪、步枪、冲锋枪、机枪等，还有刺杀、越野、爆破以及单杠、双杠、木马等军体训练；如果到野外，就要进行战术训练，如班进攻、排进攻，以及进行冬季、夏季的野营拉练等。

二、拼搏在练兵场上

训练场好比战场，军事训练内容是按科目进行的，小到班长、排长，大到团长、师长，首长组织部队训练都是要认真备课的，来不得半点马虎。当时我们有一句口号，叫作"练为战"；连长、指导员在训练动员时，常常用"平时多流一点汗，战时少流一滴血"来激励我们。练兵场是最能检验拼搏精神的地方。

练兵场上的汗水。兵是练出来的，不管是严寒的冬季，还是烈日炎炎的夏季，军事训练都是毫不含糊的。夏季训练时，汗水湿透全身是不足为奇的；冬季训练，内衣常常被汗水浸湿，回凉后可不好受。哪些训练最让人消耗体力呢？战术训练中的匍匐前进，全副武装的越野，军事五项等，都是晴天一身汗，雨天一身泥，极度消耗体力，但谁也不能叫苦叫累。我当班长、排长时，都是在"襄阳特功团"的"老虎连"，这个连队经常代表所在团参加军、师比武并屡次夺魁，平时训练相当严格。我刚到部队时先分到警卫连，跟随首长在地方"支左"，没有经过步兵连队的训练，后来把我调到"老虎连"，且把我安排在一班当班长，一班是连队军事训练的先行班，其他各班都要向一班看齐，大家都向我这个一班长看齐，这排头兵真不好当啊！为了赶上大家的军事训练进度，特别是要当好名副其实的一班长，我除了白天与大家一起训练外，夜间还悄悄地到操场上加班练习。由于加大了训练的强度，夜间睡觉腰腿酸疼，胳膊也肿起来，汗水更是比别人流的多了许多。

练兵场上的名次。部队都是年轻人，好胜心和荣誉感特强，再加上部队的优良传统作风，政治思想工作，都有效激发了指战员们的练兵热情，争第一，扛红旗，几乎没有人愿意给集体脸上抹黑，各种形式的比武，使训练场上呈现了"人人不甘落后，个个勇于争先"的生动场面。我记得参加三十五师的越野比赛时，集中在师部大操场上，从紧急集合起床开始，全副武装奔袭十多公里，比谁最早到达目的地。那种拼搏精神、那种激情澎湃、那种"勇夺第一"的进取心，确实至今难忘。

练兵场上的情感。人们常说战友情最深厚最难忘，其原因就是在当兵的日子里朝夕相处，特别是在训练场上整天摸爬滚打在一起，老兵带新兵，班长带全班，连长指导员带全连，战友们彼此关心，互相帮助，一起训练，同甘共苦，老兵都是一个动作一个动作给新兵讲解，一个要领一个要领给新兵传授，自然而然地结下了深厚的战友情。

三、磨炼意志的野营拉练

1970 年年底，毛主席在看到一份反映我军某部野营拉练的报告时，做出批示"野营拉练好"总参谋部为此给全军下达命令，从这一年开始，部队就组织野营拉练。先是冬季野营拉练，后来又组织夏季野营拉练。野营拉练不仅磨炼了军人的顽强意志，同时按照战时要求训练部队，对提高部队战斗力起到了积极作用。

1. 练铁脚板

既然是拉练，就是要部队行军，每天行军少则几十里，多则百里以上，所以叫练铁脚板。我们当时喊出的口号是"练好铁脚板，打击帝修反"为了训练部队，选择的行军路线有崎岖不平的乡间小道，有摩托化行军的柏油马路，有深山老林高低不平的山路。年轻时，体力消耗后一觉睡醒就恢复过来了，可是脚板不可能恢复过来，而是越来越受不了，很多战士脚底板上都磨出了血泡，被戏称为"泡兵"野营拉练行军途中有收容车，掉队的确实走不动的战士可以把他们拉到收容车上去。但作为一个班的班长，竭尽全力也要帮助体力较差的战士，常常把他们的背包、武器等背到自己身上来，不轻易让班里的战士掉队，更不愿意让他们上收容车。

2. 长途奔袭

野营拉练时，如果全副武装，每人身上背着的武器弹药、背包、干粮、水壶、雨衣等物品，加起来有 100 斤以上。一天的行军下来，战士们早已经累得筋疲力尽，可是上级突然下达"长途奔袭"的命令，要求在规定时间内赶到某目的地,抢占制高点。这样的连续急行军,进行长途奔袭,没有坚强毅力是难以完成任务的。在这关键时刻,部队的政治思想工作开始发挥作用,在行军经过的大路边,专门有进行宣传鼓动的,喊着"苦不苦,比比红军两万五;累不累,想想革命老前辈"之类的口号,战士们受到鼓励,再苦再累都不在话下了。

3. 分灶野炊

野营拉练途中,分灶野炊也是训练科目。到达指定地点后,通常是以班为单位,要求每个班在规定时间内,完成安锅、煮饭、炒菜、烧汤等动作,解决全班战士的吃饭问题。由于各种原因,有的班安不好锅,烧火后到处冒烟,有的班米饭煮不熟,只能吃夹生饭。因为一个班只有一个锅,米饭煮好后,赶快把饭打出来炒菜,菜炒好后立即开饭,炒过菜的锅里放点水,烧一会就算汤了,全班匆匆忙忙吃完饭,赶快收拾东西再继续向前开进。分灶野炊,很能锻炼班长的组织指挥能力。

野营拉练中的战友情谊,是特别让人感动的。有的战士体力比较差,可能会跟不上队伍,一旦发现这种情况,班长和班里其他战士都会主动把他的行李抢过来背,不让一个战士掉队。到了晚上宿营时,如果有条件烧点热水泡脚,大家都会谦让着给别人先用。行军中饮用水很缺少,有的战士会把节约下来的水给其他人分享。这些虽然不是什么了不起的大事,但从中可见战友之间的深厚情谊。

四、难忘的实兵实战演习

我在部队服役期间,曾多次参加部队组织的实兵实战演习,深感这不仅有利于全面提高部队战斗力,也是培养指战员"一不怕苦,二不怕死"精神的有效形式。我先后参加过的演习包括:在野营拉练中组织的实战演习、横渡长江带着"假设敌"的演习、团队之间的对抗实战演习、司政后机关图上作战演习等。1974年年底,总参赋予我团在三界地区实施"加强步兵团对立足未稳之敌坦克群进攻研究性演习"任务,据说这次演习是当时全军首次组织团一级的实兵实战演习，总参谋部首长亲临现场指导，各大军区首长前来观摩，演习非常成功，着实轰动一时。这些实兵实战演习，都从实战需要出发，带着敌情，使用真枪实弹，有炮火、坦克、飞机等配合作战，导演组还设想了许多复杂情况，这些都很能考验部队，对促进部队训练、培养部队快速反应能力、协同作战能力等大有帮助，同时也体现了部队的吃苦精神、牺牲精神。

1971 年冬，部队在野营拉练途中组织了渡江实战演习。当时，我给团政委许秋桂当警卫员。上级机关将渡江演习专门安排在夜间，且下着大雨，天气很冷。部队完成演习到对岸后，我们都全身湿透了。作为警卫员，我必须抓紧时间把首长的事都安排好，基本上通宵没有合上眼。因为受凉了，且没有吃好饭和休息好，第二天就病倒了，发高烧起不了床。团司令部一位股长发现后，赶忙让卫生队医生来给我打针、开药。这是我在部队第一次生病，也是唯一的一次生病，印象特别深。这次渡江实战演习，让我终身难忘。

五、经受抗洪抢险的考验

解放军肩负着保卫国家安全和人民生命财产安全的双重重任，特别是和平建设时期，除练好作战本领、随时听从召唤奔赴前线外，一旦有自然灾害发生，首先出动的是部队，冲在第一线的是军人，不怕死的是我们基层官兵。因为我们还有一个名字叫"人民子弟兵"，也就是一切为了人民。当发生了地震、泥石流、洪涝等天灾，或者发生了火灾、爆炸等人祸，都随时有我们当兵的挺身而出，"哪里有危险，哪里就有解放军"是许多场合的真实写照。现在有些人认为当兵的这不懂那不会，有些部门把安置复退转业军人当作"负担"可是，凡是最艰苦的地方、最难完成的任务，恰恰都是部队的指战员们冲在前、干在前。

1982 年 7 月 25 日，我团接到赴安徽霍邱县抗洪抢险的命令后，当即组织摩托化行军，从江苏徐州紧急奔赴上级指定的抗洪抢险区域。一到达抗洪抢险目的地，我们全团官兵立即投入紧张的战斗，挖土、填包、搬运、筑堤，为了确保完成淮河大堤的护堤任务，我们通宵达旦，不畏艰难，排除了突然发生的多次险情，终于圆满完成了任务，受到当地政府和群众的高度赞扬。我在部队期间，曾多次参与类似的抢险救灾，经受了特别的锻炼和考验，留下了人生中难以磨灭的印记。

近年来，部队参加抢险救灾已经形成光荣传统。我感悟到，既然你参军到了部队，成了一名军人，就必须有足够的思想准备，做到随时听从党和人民的召唤，随时奔赴抢险救灾的第一线，随时在各种急难险重的任务中经受考验，赴汤蹈火，在所不辞。

六、跟随首长受益无穷

在我当兵之初，我曾先后给3位首长当过警卫员。新兵训练结束后，分到连队没几天，连首长就让我给正在安庆市公安局"支左"的副团长杨存让当警卫员。半年后，部队准备野营拉练，团政委许秋桂提出要一名警卫员，跟随他带部队参加野营拉练，这就把我调到他身边。野营拉练回来后，师政委张友复（后任军政治部主任、副政委）在安庆地区"支左"，要换警卫员。时任我团团长杨忠庆曾在朝鲜战场上给张友复当过警卫员，于是亲自为张政委挑选警卫员，这样又把我调到张政委身边当警卫员。这期间，我基本离开部队，跟随首长在"支左"一线，独立完成首长的警卫任务。近两年时间里，我在首长身边学到了不少知识，应该说受益无穷。这是我十分幸运的一段难忘经历。

作为首长警卫员，主要职责是安全保卫工作。但在和平环境下，跟随首长不仅仅是安全保卫工作，还要把首长个人工作、生活中的事情，甚至家庭的许多事情担当起来。我跟随张友复政委当警卫员时，由于首长是在地方"支左"，经常到基层调研，到外地参观学习，到省委开会，有时带秘书，有时不带秘书，但警卫员都是随时跟首长出行的。由于首长对我的信任，除警卫工作外，首长把保管文件、整理文件等工作也交给我做。有时候，为了全面准确地传达贯彻上级文件精神，首长担心自己听传达时记录不准，就特地把上级文件借来，要我认真抄写一份。每月发工资时，首长把到单位签字领取工资的活儿都交给我办。记得当时首长每月工资将近200元，是高干工资标准。尽管工资不少，但首长家过日子还得精打细算，他家平日开销都是我经办，每笔钱的支出都是我负责记账，到月底再把清单及余钱交给首长爱人。跟随首长期间，我从不打着首长的旗号为自己办事谋利，说话十分谨慎，听到首长议论的事情绝不向外透露，做到守口如瓶。

回忆在首长身边的日子，首长的高风亮节给我留下深刻印象，许多方面值得我永远铭记和学习，也值得现在的官员好好学习。主要有以下几个方面。

1.首长忠于革命的信念

首长参加革命很早，经历过战争年代，忠于革命忠于党，具有坚定的理想信念。一是危险时刻不退缩。"文化大革命"期间，首长到武斗比较激烈的安庆地区"支左"，担任安庆地委第一书记，那是要有一定胆量的。当地两派之间发生大规模武斗，如果要及时制止武斗，地委领导必须到现场做劝说工作，而双方都持有武器，子弹不长眼睛，但首长不顾危险，从不退缩，充分显示了对党和人民事业的无限忠诚。二是作风民主。我那时年轻，令我印象特别深的就是感到睡眠不够，因为首长经常开夜会，一般都是深更半夜，晚12点散会就是不错的了，开会的时间总是很长。为了集思广益，做出正确决策，首长总是让出席会议的每位领导畅所欲言，充分听取各方面的意见建议，而不是凭个人主观感觉随意决断，体现出高超的领导艺术和良好的民主作风。三是对军队、地方干部一视同仁。当时，部队安排了不少干部到地方"支左"，许多干部都是首长的老部下。但首长始终坚持原则，按照德才兼备的标准衡量与选拔任用干部，从不轻易许愿，不搞任人唯亲。四是忘我工作。一个地区的工作是千头万绪的，各方面的人际关系错综复杂，各方面的工作都要处理好、协调好，各部门（地方）报送的材料都要及时做出批示，首长工作认真负责，常常是废寝忘食，体现了忘我的精神。

2. 首长艰苦朴素的作风

首长是在农村长大的孩子。参加革命后，虽然官居高位，但日常生活很简单，十分节俭，吃的不讲究，常穿布鞋，下乡蹲点调研都是自带行李，一条旧被子不知用了多少年，床单就是一块很简朴的白布单，与老百姓同住、同吃、同劳动。首长平时喝的茶叶都是自己买的，一天只泡一杯茶，说不要浪费茶叶。我记得有一次外出，途中停车休息时，首长在路边一家商店里看到有小笔记本，便要营业员拿一本给他看看，他打开笔记本仔细地数格子，我问他为什么要数格子，他说最好是有十行格子的，安庆地区当时是一市八县共9个下属单位，加上一个合计，一共需要十行，用这样的笔记本统计有关数据，一点都不浪费。

3. 首长廉洁自律的人品

由于战争年代吃饭没有规律，首长肠胃不好。某县领导特地买了一袋面粉，让首长蹲点住户的老乡做面条给首长吃，事后首长特地交代我把面粉钱给结算了。有时，首长带工作组下乡，都是自己交伙食费买粮食买菜，都是工作组成员轮流值班做饭，首长与大家一起就餐，不允许当地政府招待，不搞特殊化。首长在地方"支左"时，上级安排一辆专车供他使用。但首长只有工作需要时才用车，到单位上下班都是步行，从不使用小车为家庭办私事，也不允许亲属使用小车。我们随首长在基层蹲点调研时间长了，他觉得随行人员很辛苦，有时就自己掏腰包加菜买酒慰劳大家，不允许基层领导使用公款招待他以及随行人员。首长坚持认为用公款吃喝、铺张浪费是党的纪律不允许的，必须严以律己。

4. 首长刻苦学习的精神

我跟随的首长原有学历并不高，但他的思想水平、政策水平令人敬佩。首长作报告时，大礼堂里鸦雀无声，与会人员都聚精会神地听他演讲。首长分析问题透彻，处理问题果断，决策能力强。这是为什么呢？我观察到，主要是首长坚持刻苦学习。我记得，首长曾专门交代我，每天的报纸必须准时送到，以便他通过报纸，及时了解国际国内的大事。他床头不离书籍，每天都要看书学习，有时间就打开小收音机收听时事要闻。

我感到非常幸运的是，刚到部队不久，就有机会在这样的首长身边工作。首长的优秀品质对我一生的影响很大，我的成长进步离不开首长的言传身教，特别是在如何做人方面给我做出了榜样。之后，我在工作中又遇到了潘瑞吉政委等首长。我感悟到：我们的成长，都是在这些老首长、老领导的关心培养下获得的，我们绝不能忘记他们。

七、干部工作的情怀

我在部队先后担任过干部干事、干部股股长等职，直接从事干部工作有六年多时间。如何让干部部门成为"干部之家"，当好党委首长在干部工作中的参谋助手，处理和解决好干部个人的成长进步、家庭生活、转业安置等问题，我尽力做了一些应该做的工作，有不少的感想，其中有几件事刻骨铭心。

1. 探亲假的规定

家属未随军的干部，一般每年可以请探亲假一个月，但工作需要时，应随时回部队。如果部队要执行特殊任务，就不能休假了。家属子女到部队探亲一般也只有一个月，在城市的家属一般有工作，到部队探亲时间不会长，如果家属是农村的，农闲时来部队探亲，住的时间会长些，我当干部干事、干部股长时，有位分管请销假的团首长，只要他发现有干部家属来部队超过一个月了，他就会让我去催干部家属离队回乡。说实话，遇到这样的事，我总是很纠结，不忍心去找干部谈话、催促干部家属尽快离队。因为这样做，是多么地不通人性。

2. 全国统分安置

"文化大革命"后期，部队干部曾经有一段时间不是转业地方安排工作，而是做复员处理，部队不负责联系安置，后来这些人重新办理复改转。军队干部把青春年华奉献给了国防事业，年龄大了总是要离开部队的，这很正常。但在 20 世纪 70 年代中期，到地方"支左"的，到生产建设兵团的，加上超龄留在部队的，要集中安排转业到地方，给地方政府带来很大压力，只好采取分期分批安置的办法。当时，国家边远地区缺干部，内地干部较多，家属已随军的营职以上干部的安置政策是全国统一分配，有的要安置到边远地区。这些干部的思想弯子很难转，特别是做干部家属的思想工作难度比较大。我们找他们谈话见面，告诉他们安置去向时，一时不忍心说出口，有的家属立刻就会号啕大哭，有的干部是战争年代出生入死走过来的，家属好不容易盼到全家团聚了，希望能在和平时期过上太平安稳的日子，没想到还回不了老家，要分配到边远地区去，有的家属甚至说出要与丈夫离婚的气话。我们做干部工作的，当时确实感到很棘手。

3. 告别的站台票

军队干部在部队工作了几十年，当时还有不少是解放前参军，从战争年代枪林弹雨中过来的。即使没有打过仗的现代军人，他们随时都会听从召唤，积极参与抗洪抢险、抗震救灾、国防施工等艰巨任务。但不可回避的事实是，到了一定年龄，都得转业到地方。按照部队干部转业的一般程序，上级下达转业名额后，团党委研究确定转业对象，经与确定转业的干部谈话，干部部门填写《转业干部审批报告表》，军队派员与地方组织部门联系，磋商确定安置单位，等等。我记得 80 年代，当兵 20 年左右的转业干部，转业安置费也就 2000 元左右。转业干部离开部队前夕，团领导安排一次欢送会，吃一顿饭，标准也不高，只是表示心意而已。最难忘的时刻，就是我们干部部门把离队的干部送到火车站，我们预先买好进站的站台票，向他们告别，这一别，基本上是一生不再可能见面了，心情十分难受！一个人参军入伍时，有许多人敲锣打鼓欢送，有句口号是"一人参军，全家光荣"，可是到转业去地方报到时，基本上没有人接待，往往十分冷清，特别是有的地方领导对军队不了解、对军人不重视，甚至对转业干部另眼看待，不免让很多军人感到寒心。

八、开展培养军地两用人才工作

20 世纪 80 年代初，时任总政治部主任余秋里提出部队在和平建设时期要重视培养军地两用人才。这期间，我在做好本职工作的前提下，自我加压，挤出业余时间，带头学习科学文化知识。当时，我们都报名参加了南京大学、华东师范大学的高等教育课程自学考试。通过认真听课与复习，我先后完成十二门课程的学习考试，在转业前获得江苏省高等教育自学考试委员会颁发的大专学历毕业证书。业余自学的过程，让我对"书到用时方恨少，学海无涯苦作舟"有了更深的体会。

我 1983 年 6 月任团政治处主任。根据部队实际，在团军政首长的关心支持下，我上任后即把培养军地两用人才作为重点工作来抓。由我们政治处负责，团里办起了业余文化学校，组织开办"两下干部"（40岁以下，初中以下）文化学习班，帮助文化程度较低的干部补习数理化基础知识；同时，开办无线电修理、农科技术、美术书法、装载机修理、复合肥生产等 10 多个两用人才专业培训班，还建立了多种经营基地，让战士们到基地学习退伍到地方后适用的专业技术和知识。记得当时到了周末，经营基地可热闹了，豆制品加工、酿酒、家禽饲养、蘑菇种植等项目，很受战士们欢迎。军地两用人才培训班的开办，较好地解决了战士们的"后顾之忧"，对于引导广大战士安心服役、推动部队全面建设产生了积极作用。我任职期间，先后培养了一大批军地两用人才，自己也学到了一些管理经验。1985 年 5 月，我团被南京军区评为培养军地两用人才先进单位，总政治部、南京军区在十二军召开"学习科学文化知识，培养军地两用人才"现场经验交流会，与会各级首长专门到我团实地观摩，对我团培养军地两用人才工作给予高度评价。其间，我曾被坦克二师等多个友邻部队邀请，前往介绍我团这方面的工作情况和经验。我在部队的这段经历对转业到地方工作，特别是到海安镇任镇长，尽快进入角色，起到了很好作用。

九、赴部队政治院校深造

1980年3月，我被安排进入解放军南京政治学院学习，历时近两年。在上学之前，我虽然是努力工作的，但始终存在理论知识不足的"短板"，知识的空白点不少，遇到实际工作常常有"力不从心"的感觉。我非常珍惜到南京政治学院学习深造的机会。其间，我系统学习研究了军队政治思想工作、马克思主义哲学、政治经济学、科学社会主义、汉语言文学、机关文书、教育学、心理学、统筹学等课程，深感非常及时和必要，对于做好工作大有裨益。

政治工作是我军一切工作的生命线。我从院校毕业回到部队后，上级党委任命我任营教导员，后提升为团政治处主任，这两个岗位的主要职责，都是从事政治思想工作的。我把在院校学到的理论知识运用到具体工作中，扎实做好部队革命化、现代化、正规化建设中的政治思想工作，取得了较好效果。1984年上半年，恰逢动员干部战士报名奔赴老山前线作战，我们加强宣传教育，讲清对越作战的重大意义，激发干部战士踊跃参战的热情，当时许多干部战士纷纷写血书要求上前线。这次动员部队参战，上级决定调我们政治处一名干事到前线参战部队去，这名干事开始有些想法，提出家庭有实际困难不愿去。为此，我与政治处几位股长多次与他交谈，动之以情，晓之以理，通过深入细致的思想工作，帮助这名干事转变思想认识，从而让他很快服从了组织决定。转业到地方工作后，尽管我不是直接负责政治思想工作，但遇到征用土地干群之间发生矛盾，以及计划生育、殡葬改革、邻居纠纷等矛盾激化时，我都习惯地用政治思想工作"开道"，宣讲大局观和有关政策，强调"小道理服从大道理"，较好地化解了许多矛盾纠纷，营造了一方安定团结的局面。实践使我感悟到，政治思想工作是可以融入经济社会发展各项工作之中的，无论在部队还是在地方，政治思想工作做到位了，就都能出人才、出典型、出经验、出成果。到地方工作不久，我被评为高级政工师。

十、努力适应岗位变动与角色转换

在部队工作期间，我先后经历十多次工作岗位的转换，曾历任战士、班长、排长、干部干事、干部股长、营教导员、团政治处主任等职。每次工作变动，转换到一个新的工作岗位，面对新的工作环境、新的人际关系、新的岗位要求，对自己来说都是一次新的挑战和考验。我感悟到，岗位转换没有"师傅带徒弟"之说，必须认真思考与琢磨，凭借自身努力与悟性，尽快适应新岗位、新角色。

1969 年 12 月，我应征入伍，穿上绿军装，从南通乘大轮向部队驻地安徽安庆市开进。途中，带新兵的部队首长给我布置了入伍后的第一项"特殊"任务，要我协助他，给新兵发入伍第一个月的津贴费。事情并不复杂，但对于初出茅庐的我，面对围着我的几百位同乡，需要冷静细致，不能慌乱，不能出错。我当时感到，那么多的新兵，首长指定让我来协助他做事，这是对我的信任，对我是一次很好的锻炼和考验，我没有任何理由不把事情认真做好。

1970 年春节后，我们从新兵连队分到部队，我被分到特务连警卫班当警卫员。经过短短的几周训练，我就跟随在地方"支左"的首长了。那是"文化大革命"后期，安徽安庆市的两派斗争很激烈，首长当时是在安庆市公安局"支左"，确实有隐藏较深的对立面。首长常常夜间开会，散会后没有汽车接送，都是徒步回住宿处。作为警卫员，我既不能紧张，也不能害怕，必须非常警惕。这期间，确实锻炼了我的机智与胆量，有了独立执行任务的收获。

1972 年 11 月，我离开首长不当警卫员了。首长关心我今后的成长发展，特地向团里有关领导交代，把我安排到具有优良传统的"老虎连"当班长。这次岗位转换，是我从老百姓到军人的一次真正转换。我意识到，首长把我安排到"老虎连"当班长，是对我的锻炼和考验。这个班不仅在全连军事技术最过硬，而且这个班的老兵多，军事技术个个比我强，要当好班长确实压力很大。经过半年多时间的磨炼，我提高了军事素质，学会了如何带兵，培养了吃苦耐劳的优良作风。说实话，在一班长这个岗位上虽然时间不长，却是我人生的一次很好历练。

1973年5月，我被提升为排长。这是"9·13事件"后部队首批从战士中提拔干部，名额很少，全团从各连优秀班长选拔了四名，我是其中一名。那几年，由于诸多原因，不少各方面都很优秀的士兵没有能提拔为干部而退伍了，我是幸运者。被提升为排长，是我人生的一次重大转折。

1973年12月，我奉命带着几位班长到安徽滁州执行民兵训练任务。离开部队，远离首长，带队在外独立执行任务，与农村基层干部和地方群众打交道，这都要求我自觉遵守部队有关规定，遵守群众工作纪律，提高思想政治觉悟，掌握民兵训练的政策措施。总的讲，这次帮助地方武装部训练民兵，较好地完成了任务，也算是学习如何处理军队与地方之间关系的开始。

1974年1月，我调任团政治处组织股干部干事。我提干时间不长，团首长把我选调到政治机关且做干部工作，这是对我的高度信任，同时也是一次新的考验和挑战。做干部工作，接触面广，既要面对团首长以及上级领导机关，还要面对所属的各级各类干部，我暗下决心，一定严格要求自己，虚心好学，勤奋工作。在干部工作岗位上，我的主要体会是做到"四勤四性"，四勤是：脑勤（经常思考和总结工作中的成功经验，找出不足地方的教训等），嘴勤（多请示，多汇报，多向内行请教），腿勤（深入连队调查研究，经常与基层干部交谈，广泛听取各方面意见，了解掌握第一手资料），手勤（多动手，随时把领导指示和基层反映的情况记下来，然后认真落实）；四性是：政策性（认真执行上级政策，严格按规矩办事），原则性（把握正确方向，坚持公道正派），灵活性（以不违背大政方针为前提，适当灵活，人性化处理事务，不搞教条主义），细致性（力求周密考虑，注重工作细节，切忌粗心大意）。从干部干事到干部股长，我先后在干部工作岗位上工作了6年多时间，与不少同行相比算是时间最长的，因为团首长对我的工作比较满意，用起来比较顺手，多年没有给我调整岗位，直到安排我去南京政治学院学习。

1985 年，中央军委决定全军部队精简整编 100 万时，我们十二军三十五师被撤销建制，保留 103 团归建第三十四师。1985 年秋，三十四师政治部干部科通知我，要我从徐州留守处到涟水师部谈话，时任三十四师师长季崇武明确对我说，要我到某团任政委。当时，我小孩在徐州琵琶山小学读书，我如果到该团任职，那里没有小孩读书的学校，如果小孩不随我去新的地方，我爱人要上班，中午回不了家，小孩在家没人照顾，确实有不少具体困难。师首长找我谈话时，我实事求是地谈了我的想法和困难，领导给予了充分理解。

1986 年上半年，三十四师党委和首长考虑到我的实际情况，研究决定安排我转业。当时，我所在的 103 团已移防江苏滨海县，师首长让我在徐州琵琶山营房留守，负责与兄弟部队的营区交接工作。我在已确定转业的情况下，仍然认真负责地工作，努力站好最后一班岗，较好地完成了交接任务。不久，我接到地方政府的安置通知，遂于 1986 年年底奔赴新的工作岗位。

如今，我离开军营转眼已经 30 年了，但军旅生涯的点点滴滴依然历历在目，始终难以忘怀。多年来，我与部队的不少首长、战友保持着经常联系，交流信息，互致问候，延续着那份浓浓的战友情。我感悟到，绿色军营奠定了我人生道路的坚实基础；我理应珍惜转业军人的称号和荣誉，继续保持和发扬部队的光荣传统与优良作风，努力把人生的每一步都走好，争取为鲜红的八一军旗再添光彩。

第二节 在官场

对于官场，我国的文学作品不乏各种描述。20世纪初，江苏武进人李宝嘉创作的著名小说《官场现形记》，以晚清官场为表现对象，为近代中国腐朽丑陋的官场勾勒出了一幅历史画卷。近年来，随着反腐倡廉的深入推进，现代版的官场小说渐成一大热门，诸如《国画》《侯卫东官场笔记》《官途沉浮》《二号首长》等，通过描写官员生活，似乎在一定程度上披露了当下官场的生存状态。我以为，这些文学作品，多少有些虚构、夸大的成分，看看也就罢了。

我这里想说明的是，我写"在官场"，完全是自己的亲身经历和切身体会，并非人为编造的故事情节。

1986年年底，我从部队转业回到老家海安县工作。经地方党组织安排，我先后在县民政局、海安镇、县工商局等三个单位任职。20多年的从政经历，与社会各方面的广泛接触，使我对官场的种种现象有了比较直观的认识，"在官场"的亲身感受也特别深刻。当然，由于认识水平的局限，我的有些看法也许并不准确，有些建议未必切实可行，我愿意"抛砖引玉"，把自己的经历以及看到的、想到的提出来，供还在岗位上工作的同志们参考借鉴，也愿与大家一起开展有益的讨论。

关于"在官场"，我主要有以下一些体会。

一、从政必须牢记党的宗旨

牢记党的宗旨，就是要始终坚持全心全意为人民服务。我们各级官员既然在其位，就必须谋其政，正确使用党和人民赋予的权力，把权力当作一份责任，努力造福一方，积极为广大群众办实事、做好事，解难事。我们都熟悉这样一句古训，叫作"当官不为民做主，不如回家卖红薯"我从政20余年，虽然算不上忧国忧民，也没做多少惊天动地的大事，但每到一个单位，都能勤奋踏实地工作，尽心尽责地做事，推动经济社会发展，着力改善当地民生，做到洁身自好，淡泊名利。而对某些素质不怎么样的官员，则尽可能拉大距离，远离他们。

近年来，老百姓对有些官员"不感冒"，负面评价居多。究其原因，无非是这些官员忘记了自己在党旗前的誓言，以权谋私，贪赃枉法，尸位素餐，为官不为，人民群众已经把这些官员摆在对立面上了。但问题是，一些地方的政治生态恶化，"好人不香，坏人不臭"，随波逐流、同流合污比较容易，洁身自好就比较难了。如果谁想表现得好些，清正廉洁，刚正不阿，却往往会受到孤立和排挤，甚至刁难。有些领导干部划"小圈子"，选拔任用干部根本不考虑德能勤绩，而只看谁是"小兄弟"、谁比较听话、谁送礼"到位"，等等。

早在60多年前，毛泽东主席就曾经指出："我们一切工作干部，不论职务高低，都是人民的勤务员，我们所做的一切，都是为人民服务。"我斗胆设问：现在有多少官员还能记住毛主席的这一教导？他们脑海里还有"为人民服务"这个概念吗？对于当前在官场上出现的各种不良现象，绝不可等闲视之，已经到了非解决不可的时候。其主要表现是：

1. 唯我独尊现象

县（市）委书记是一方"父母官"，地位重要，责任重大，理应心中有党，心中有民，心中有责，心中有戒，坚持党章规定的民主集中制，实行集体领导下的个人分工负责制。可是，因为"天高皇帝远"，有一些县（市）委书记往往"唯我独尊""一手遮天"，他们的权力之大是难以想象的。对于需要集体研究决策的重大问题，大多只是拿到会议上走过场，有的连基本程序都"省略"了，一把手书记随口就拍板决定了。据新浪网报道，甘肃省华亭县委书记任增禄把"一言堂"推向极致，狂言"只要我张口，下面没有常委敢讲话"。由于任增禄肆意弄权，下属也权力"出轨"，该县共牵扯出129名各级官员的违纪问题，几乎所有重要部门"全覆盖"，真可谓"书记"贪腐，全县"塌方"。新浪网以"别让一个人带坏了一个县"做标题，对此做了详尽报道，事例发人深省，教训十分深刻。

2. 买官卖官现象

长期以来，我们党一直坚持任人唯贤的干部路线，选拔任用干部注重德才兼备，以德为先。买官卖官似乎是不太可能发生的事情。我做干部工作多年，在部队曾任干部干事、干部股长、团政治处主任，到地方当一把手10多年，始终认为干部工作政策性很强，对干部的选拔任用必须坚持标准，理应公平公正，是不能随意和马虎的。我任县工商局党组书记、局长期间，选拔干部都有严格程序，充分听取意见，认真进行考察，这样选出来的干部，群众才会真正服气。可是，近年来买官卖官在一些地方成了普遍现象，某些手握实权的领导干部，卖官就像批发商品一样，明码标价，坐地收赃，以致"带病提拔""违规用人"等屡屡发生，严重破坏了我党干部工作的优良传统，败坏了党和政府在人民群众心中的形象。买官卖官是贪腐的祸根，更有人将买官卖官比作"政治癌症"，可见其危害程度之烈。由于买官卖官现象的存在，还导致广大群众对当今干部队伍产生了不少误解，认为当官的没几个好人，都有这样那样的问题。真是"一粒老鼠屎坏了一锅汤"。从一定意义上讲，我们绝大多数干部是好的和比较好的，是买官卖官现象的受害者，很多干部辛苦工作一辈子，没有功劳也有苦劳，即使不给予各种荣誉，但给予起码的尊重还是应该的。我坚信，在全面从严治党的新形势下，我们的干部队伍必然更加纯洁坚强，而人民群众的眼睛是雪亮的，只要我们每个干部坚持"为民务实清廉"，大家最终都会给予客观公正的评价。

3. 用人失察现象

关于选人用人失察问题，我举一个例子，从这位县委书记的做派，看上级组织是怎么选用干部的？我任海安镇镇长期间，由于在某单位征用我镇海光村一块土地时没有"通融"，这位县委书记居然在街上当面质问我："你是不是共产党员？""我们县委讲了话，党员怎么不听啊！"并要我当天下午专门陪他去海光村落实这件事。我琢磨来琢磨去，为什么一个县委书记要亲自过问征用一块土地的事，而且直接对我说此事，要我当天就陪他去落实。说实话，并非我要有意违逆上级领导，但凡事都要讲原则，遵循有关规定和办事程序，作为县委书记不可能不清楚这些，他这样做也不是作风深入的表现，其中的"猫腻"是啥，明眼人都能看懂。我为此一度感到纳闷：这种水平的县委书记，不知道上级是怎么选拔的；在这种人领导下，想干事的干部怎么能心情舒畅地工作呢？

4. 争权夺位现象

争权夺位在官场不是什么秘密。现在的各级领导班子成员比较多，怎么分工是要动一番脑筋的。但有的副职把分工范围当作"领地"，视某项工作为"私有财产"一旦决定由他分管，正职说了不管用，他才说了算。有些工作需要班子成员互相支持配合，可非得正职出面协调，有时还比较困难。有的干部为了争权夺位，私下里拉帮结派，收买人心拉选票，阿谀奉承讨好领导，到处告黑状排挤他人，种种不正当手段，无所不用其极，还有个别的不惜采用违法犯罪的手段。有些干部工作不放在心上，而是整日想着怎么"升官"，千方百计寻求能与上级领导"搭上线"的人士，托他们找实权派，打招呼，开后门，妄图谋取高位。

5. 拉帮结派现象

一个单位的风气正不正，很大程度上要看领导班子是否团结，有没有人拉山头，搞小团体。过去有一种说法，叫作跟人还是跟线的问题。所谓跟人，就是有些干部不能坚持原则，看领导的眼色行事，傍有决定权的"大官"，搞人身依附。干部也是人，也有具体困难，干部之间理应互相关心帮助，但如果拉帮结派，搞团团伙伙，就是违反党的组织纪律的问题了。有的地方出现"窝案""塌方式腐败",原因就在于同流合污,不讲原则,没有监督。在官场,关键是要做公道正派的人,任何时候都要坚持五湖四海,不搞歪门邪道,扶正祛邪,刚正不阿,这样才能赢得群众的支持和拥护,立于不败之地。

6. 绕道避让现象

我在基层任职时间较长,各种滋味都尝过,对"当官要当副,穿衣要穿布"的官场俗语体会颇深。看起来,当正职的风光无限,有拍板决策权,其实不然。如果班子里有些副职工作不尽心尽责,不能积极面对群众,遇到问题绕道避让,正职在这样情况下是很累的。我举个例子,在海安镇工作期间,镇上一些特困企业不能按时调整职工工资了,以致企业职工到政府集体上访。按理说,分管负责人理应首先出面做好工作,拿出解决办法,稳定职工情绪,妥善解决问题。可是,有的分管负责人就是一再绕道避让,遇到问题不敢积极应对。对于这些干部来说,权力是要的,责任是没有的,他们平日也深入基层,但都喜欢到能出经验、出成果的单位,往往不愿意到有困难、有纠纷、有遗留问题的单位。这些都无疑是检验一个干部思想政治素质的试金石。在官场,遇到问题绕道避让的干部并不少见。

7. 挑拨离间现象

我曾经工作过的一个单位,我到任前的原主要负责人相互之间不团结,上级领导研究决定把他们一起调离。我到任后了解到,他们之间不团结,固然有他们自己的责任,但身边的某些工作人员在其中挑拨离间占很大因素。这些人动机不纯,一会儿在这个人面前这样讲,一会儿又在那个人面前那样讲,搬弄是非,制造事端,把一个好好的单位搅得鸡犬不宁。我还了解到,有些单位的副职唯恐天下不乱,为了看主要负责人的笑话,肆意挑拨主要负责人之间的关系,其目的就是希望主要负责人之间搞不好团结,无谓相争,两败俱伤,以便自己从中"渔翁得利"。

8. "看人下菜"现象

2002年7月,上级决定调整工商系统县级局领导班子,我与两位副局长、一位纪检组长同时被宣布退居二线，都明确为非领导职务的主任科员。当时，市工商局某领导特地对我说："过几天会重新明确你的职级。"可是，直到2008年年底我临近退休年龄，上级原先的"承诺"还没有兑现，我按时由人事部门办理了退休手续，领导找我退休谈话时，仍然不提我的职级问题。在宣布我退居二线到办理退休手续的6年时间里，我没有提过任何意见，没有找领导谈过我的职级问题，没有跑、找、要，更谈不上去"买"职级，我始终相信上级领导不会对我另眼看待，耐心等待市局党组给我落实。据我了解，全市工商系统与我差不多时候、差不多情况退居二线的科级干部都先后明确了副处级，唯独把我原来就是副团（处）级的人给"遗忘"了，一直是主任科员到退休。可以说，论资历，论实绩，论口碑，那些解决了职级的人未必比我强，真让人匪夷所思。我在"人生感悟"中说这些，并非我特别看重个人名利，绝对不是为自己争职级，而是想让大家了解当今官场的不正常现象。我个人的职级无所谓，不会计较，更不会要求组织重新明确我的职级，我只是要给各级党组织提出建议，希望一视同仁对待干部，不要任人唯亲，不要"看人下菜"，不要让老实人吃亏，坚决杜绝靠"跑、找、要"谋求解决个人职级问题的不正常现象。

9. 玩弄权术现象

总的讲，能到我们这一级党政机关工作的干部，基本上都有一定阅历和修养，有相当的工作经验，理应不负重任，勤奋工作，成为推动经济社会发展的正能量。但由于体制的原因，现在某些官员对工作不上心，玩弄权术却很内行，整天思谋着怎样琢磨人。他们与上级"打太极"，与同级明争暗斗，欺上瞒下，沽名钓誉。有的貌似四平八稳，从不得罪人，明哲保身，但求无过；有的擅长"踢皮球"，回避矛盾，遇到难事"绕道走"；有的本该可以马上答复的问题，也是顾左右而言他，研究研究，不了了之。显然，这种精神状态，这种玩弄权术的做法，给社会、给单位带来的只能是负能量。在官场，如果一个单位个别干部玩弄权术还问题不大，如果多了，这个单位很可能就没法正常工作了。

10. 敲诈勒索现象

现在有些政府部门的官员，掌握了那么一点权力，就总想着怎样把手中那点权力"变现"，为自己谋取好处和利益。他们对群众随意刁难，动辄敲诈勒索，不请吃，不送礼，是很难把要办的事情办成的。老百姓愤怒地说"大菩萨好见，小鬼关难过"我就见过有些办事人员，群众来机关办点事，门难进，脸难看，事难办，根本不像一个佩戴着国徽的国家工作人员？更有甚者，有的群众送过礼后，仍然不给好好办事，继续寻机要好处，非把权力用足才罢休，这是典型的敲诈勒索，"衙门习气"在这些人身上暴露无遗。

二、从政必须保持清正廉洁

我从部队转业到地方工作，正赶上了深化改革、扩大开放的年代。我亲眼目睹不少党政官员经不起诱惑，被名利腐蚀了心灵，泯灭了良知，栽了跟头，打了"败仗"，甚至一些本来又红又专的优秀干部也成了阶下囚，"一失足成千古恨"是不少落马官员的沉痛教训。大量的反面教材告诫我们，从政必须保持清正廉洁。

严格地说，改革开放以来，按照党中央的总体部署，各级党委政府加强反腐倡廉教育，建章立制，惩治腐败，做了很多工作，为什么还有那么多干部经不起诱惑，"前腐后继"呢？其中原因十分复杂。其实，走上违法犯罪道路的很多干部，并非不知道遵纪守法的重要性，并非不懂得廉洁自律的必要性，关键还是能不能管住自己的手脚。我从政几十年，深知自己并不是生活在真空里，在当前这个环境里，要做一个人民满意的官员、做一个清官好官，确实是很不容易的，除自身要有过硬的思想政治素质外，还需要家人当好"贤内助"，需要亲朋好友的理解和支持，需要整个社会风气的扭转，需要各项法规制度的健全完善，等等。

在我们的政府官员中，是清官还是贪官，尽管只是一字之差，但转变也就一步之遥。我把现在的官员分为三种类型。

第一种是不想贪的名副其实的清官。这类官员认为，作为一名党员干部，必须坚定理想信念，努力为民造福，决不能利用手中权力牟取个人的私利。这种人有思想，有境界，懂得做人的道理，他从根本上就不想贪。这种官员是清官。我从政几十年，我可以骄傲自豪地讲，不该我的我坚决不伸手，做到权力是党和人民给的，绝不以权谋私。我爱人被提前下岗，我没有利用手中的权力拉关系，找人重新安排工作。我直系亲属不少，亲兄弟姐妹全部在农村，我也没有像有些干部那样，"一人得道，鸡犬升天"我任海安镇镇长时，所有企业都属于镇政府管，帮自己家里人安排一份工作，应该没有什么大问题。可我没有利用手中权力为他们谋取一点利益。在这里，我只能对他们道一声"对不起"了，请他们见谅。

第二种是不敢贪的遵纪守法的好官。这类官员熟知党纪国法，懂得"若要人不知，除非己莫为"的道理，珍惜自己的政治前途，绝不会自己往"枪口"上撞，算是有头脑、会算账的明白人。这类官员称得上是好官，是有荣辱观和是非界限的，对"他律"与"自律"都很警醒。我感到，在我们官员队伍中，这类好官占了绝大多数。有些群众不加区分和鉴别，认为只要是政府官员，就毫无例外地都是贪官。这是一种片面的看法，这样的偏激情绪要不得。

第三种是既想贪又敢贪的贪赃枉法的贪官。这类官员是政府官员中的"异类"这种人视党纪国法为儿戏，混进官场就是想来捞取好处的，无论他们对贪污腐败的后果是否清楚，脑海里首先想到的是"有权不用，过期作废"，私欲膨胀，收受贿赂，胆大妄为，疯狂敛财，不惜以身试法，最终走上违法犯罪的不归路，沦为人民群众不齿的阶下囚。

从我们的官员队伍的现状来看，或许有的官员原本是不想贪、不敢贪的，但最终走上了违法犯罪的道路，究其原因，最重要的还是世界观、人生观、价值观这个"总开关"出了问题。具体说来，走上违法犯罪道路的主要原因有：

1.思想品德是根本

从本质上讲，凡人都有私欲，会趋乐避苦。但是，思想品德好的人会管住自己的手脚，有自律意识，能守住底线，私欲不会像水一样向低处流，更不会私欲膨胀，胆大妄为。而思想品德不好的人，常常会见利忘义，以致不择手段地牟取私利。我窃以为，现在的政府官员大多不会缺食少穿，要不要贪的问题根本不必讨论，要我说根本不需要贪。可为什么还会有那么多贪官呢？其关键是理想信念的问题，也就是说，没有树立正确的世界观、人生观、价值观，造成权力观、地位观、利益观发生错位，把"为民造福"变成了"以权谋私"。所以，我们必须从思想教育入手抓反腐，坚持标本兼治。

2. 监督机制不完善

失去监督的权力，必然导致腐败。在市场经济条件下，如果监督机制不完善，权力发生异化，势必成为滋生腐败的温床。我们看到，但凡被查处的官员，大多是握有实权、掌握了某些资源的；再就是地方党组织的主要领导，他们握有选任干部的权力，具有卖官敛财的条件；此外，那些负责土地审批、道路交通建设、药品采购等领域的实权人物，也是违法犯罪的高发区。综合分析以上几类官员违法犯罪的原因，一个共同的特点，就是这些官员权力过大，而监督管理在一定程度上不到位。

3. 盲目攀比陷深渊

在现实生活中，我们对"势利"这个词并不陌生。我们不少干部原本并不坏，并不是天生的"犯罪分子"，但社会交往中的某些"势利"现象，往往能让我们的一些干部心理失衡。比如，在一些饭局上，身份、地位与职业是显示一个人价值的基本要素，那些有职有权的、财大气粗的，理所当然地会成为"中心""主角"，受到众星捧月般的尊崇。这种现象，是很刺激我们一些基层干部的，一旦虚荣心作怪，就会导致一些干部愈来愈追求地位与权力，陷进泥淖而不能自拔。再比如，向往过上好的物质生活是人的本能，并不是什么坏事，如果能自我控制，就不会有什么事。但有的官员看到那些企业老板开高档车、戴名牌表，总觉得自己辛辛苦苦，能力并不比他们差，却啥都没有，这样很容易产生嫉妒心理和攀比情绪，一旦控制不了欲望的魔鬼，贪婪的念头占了上风，往往就会错误地看待手中的权力，寻思怎样把权力变成"实惠"，从而不择手段地追名逐利，逐步跌入罪恶的深渊。

4. 侥幸心理害死人

有些官员自以为智商不低，拿点贪点很隐蔽，自己暗地里玩的这些勾当，别人不会知道。这种天真的侥幸心理，其实就是自欺欺人。殊不知，天网恢恢，疏而不漏。不管是谁，不论其职务多高，只要是做了见不得人的事，终有一天是要暴露的；在党中央惩治腐败的高压态势下，只要搞腐败，就逃脱不了法律的严厉制裁。我国民间有些话说得很形象，"若要人不知，除非己莫为""世界上没有不透风的墙""纸是包不住火的"这些浅显的语言告诉我们，侥幸心理不管用。事实上，很多犯错官员都是抱有侥幸心理的，然而一着不慎，锒铛入狱，再多的后悔药也救不了自己。何况，那些企业老板向官员行贿的时候，说的都是"您放心"，可真的遇上事了，他们哪个都不靠谱，立马就会把你出卖了。这样的例子不胜枚举。

5. 心慈手软葬自己

我们每个人都有一些亲朋好友，在不违背原则的情况下，给予亲朋好友必要的帮助，此乃人之常情。但亲朋好友托办的事，有些是不能办的，有些还会触犯法律。我们政府官员如果心慈手软，过于讲情面，经不起亲朋好友的软磨硬泡，甚至收受贿赂，就可能成为别人捞取好处的牺牲品，成为身不由己的悲哀角色。这里的关键，说到底是自己的情面观念，以及私欲作祟。俗话说得好，无欲则刚，明理则强。但凡吃了人家的、拿了人家的，到时候就抵挡不住了。联系我自己亲历的一些事，有些亲朋好友称我是"极左"，无非是我坚持原则不予通融，没有利用公权帮忙解决他们要办的私事，因而对我有些怨言。我想，一旦他们想通了，最终是会理解我的良苦用心的。

在我国社会主义初级阶段，反腐倡廉斗争具有长期性、艰巨性、复杂性等特点。面对日益频发的各种贪污腐败行为，我对如何实施综合治理有以下 5 个方面的建议。

1. 加强法治建设

某些贪腐分子之所以敢于以身试法，甚至"前腐后继"说到底，一是某些法律还不够健全与完善，有"边缘地带"可以游走；二是人治现象在一些地方还比较突出，使贪腐分子有法律空子可钻；三是对贪腐分子打击不够严厉，没有产生足够的威慑力。因此，坚持依法治国，加强法治建设，就是要健全预防腐败、惩治腐败的法规体系，形成惩治腐败的高压态势，营造不能腐、不敢腐的良好环境，保证有法必依、执法必严、违法必究，使贪腐分子无处可遁。

2. 重视思想教育

我是相信政治思想工作对人的引导作用的。推进反腐倡廉，必须高度重视思想道德建设，引领广大政府官员明辨是非，分清荣辱，净化灵魂，陶冶情操，做人民满意的公务员。（1）加强艰苦奋斗教育。与人民群众在一起，是我党的优良传统和作风。要让各级政府官员知道，如果我们脱离了群众，就会逐渐蜕化变质。要让各级政府官员知道，如果我们丢失了党的优良传统作风，就不可能坚定正确的政治方向。要让各级政府官员知道，如果我们不清楚手中的权力是哪来的，就难免滑向以权谋私、贪腐堕落的泥淖。（2）加强党纪国法教育。要用贪污腐败的反面教材警醒各级政府官员，让他们懂得人之大敌，非穷非疾，乃是奸贪邪妄，穷能图变，疾可医治，而人一旦奸贪邪妄则无可救药的道理。（3）加强得失观教育。要告诫各级政府官员，人的一生，必然有得有失。身为政府官员，就必须安分守己，克勤克俭，恪尽职守，廉洁奉公，不得贪赃枉法。如若不择手段，获取不义之财，终究是会受到法律的严厉惩处，不仅葬送自己的政治前程，所贪赃物也如同"竹篮打水"，最后下场只能是一无所得。

3. 健全规章制度

好的制度可以让坏人做不了坏事，没有好的制度可以使好人变坏。要坚持用制度管人管事管权。我认为，推进反腐倡廉，必须抓好以下几项制度的落实：（1）实行"三公开"只要不涉及党和国家的机密，尽可能公开透明，保障人民群众的知情权，推进权力运行公开化、规范化，完善党务公开、政务公开、司法公开和各领域办事公开制度，防止把公权变为私有，让权力在阳光下运行。（2）实行财产公示。不论哪级政府官员，任职前都必须把家庭财产对外公示，接受人民群众的监督，对来历不明的财产予以没收，且要追究与查处。（3）实行明察暗访。同级纪委监督同级党委政府的官员，可以说是很难的，基本上是形同虚设。对有举报的必查，但更主要的是要实行暗访。（4）实行举报有奖。对举报查实的案件，给予举报人奖励，调动广大群众检举揭发贪官的积极性。但要重视保护举报人。（5）实行贪腐连带责任制。所谓连带，就是如果一个官员犯有贪污腐败行为，他（她）的直接领导、直系亲属也要负连带责任，接受必要处理。为什么要建议追究领导责任呢？作为领导，一是有用人失察的责任；二是负有监督的责任。这叫作一级抓一级，一级管一级，部属犯了错误，领导要负一定的责任。至于追究直系亲属的责任，本意是要教育她（他）们成为"廉内助"，而不是"贪内助"我的一些亲朋好友都称我爱人是一个好的"纪委书记"说她能与我一起把好廉洁自律的关口。到过我家的朋友都知道，我爱人是坚决反对送礼的，很多来我家送礼的，都受过我爱人的严肃批评，有的还吃过"闭门羹"我爱人能与我一起拒绝收受那些不明不白的"礼物"，是对我做到廉洁自律的有力支持。

4.完善监督机制

推进反腐倡廉，单靠纪委、监察部门的监督，是远远不够的。为此，一是要完善舆论监督。充分发挥舆论的民主监督作用，置政府的官员每一权力都在公众舆论的监督之下。二是要完善网络监督。网络的信息来得快，覆盖面广，充分发挥广大网民的监督作用。三是要完善审计监督。接任、离任都要进行严格的审计，一旦发现问题，坚决查处。四是要完善独立办案制度。坚持党的领导不能含糊，但在执法办案的过程中，各级党员领导干部不得干预、插手。五是要健全质询问责、引咎辞职、依法罢免等制度，把监督有效落到实处。

5.加大惩治力度

对违法违纪的官员坚决不能手软，发现一个查处一个。惩治的力度一定要加大，不痛不痒达不到以儆效尤的目的。要让我们的各级官员都懂得，党培养一个干部不容易，惩处一个官员是很痛心的事。无论是谁，如若不守规矩，将会付出沉重的代价，受到严厉的惩处。

最后，我作为曾经在政府机关工作多年的一名官员，真诚地向各位同行提点建议：既然从政了，必须保持清正廉洁。不然的话，第一，你只要有一点贪污腐败迹象，你就再也无法领导你的部属，特别是给你送过礼的部属，他绝对会瞧不起你，你的腰杆子就再也硬不起来，更无法很好地开展工作。第二，上级领导不可能对你一点都不了解，一旦你的"丑行"败露，你的政治前程就全部作废了。第三，你若不能廉洁自律，这是对家庭的不负责任。一旦东窗事发，家庭肯定跟着遭殃，给家人造成羞辱，从此再无颜面对社会。第四，你不能廉洁自律，难免伤神伤身，尤其是贪污受贿之后，终日处于惊恐不安的状态中，既怕群众检举揭发，又怕行贿者有朝一日对外泄露，这是何苦呢？在这里，我给大家讲一个真实的故事：一天晚上，我正准备上床休息，突然有一对夫妇敲门来访，说最近有一个官员被检察院审查后，有可靠人士从内部得到消息，听说这个被审查的人曾向我行贿过。我当即对这对来访的夫妇说，再可靠的人怎么讲，也随便他讲什么，我都没有任何问题，也不会感到紧张，我睡得着觉，吃得下饭，你们放一百个心好了，也不要再道听途说。对于这件事，我为什么能这么淡定？因为我内心很强大，知道"以廉自守"的戒律，凡事都能清心净己，否则就会提心吊胆，终日悔恨万分，甚至葬送自己的一生。

在充分肯定反腐倡廉成效的时候，我还想就如何看待我们官员队伍状况提些想法，与大家商榷：（1）改革开放以来，确实有不少官员贪腐而受到惩处，但他们是官员队伍中的极少数，并不代表官员队伍的主流。我感到，对政府官员队伍的看法要一分为二，区别对待，不能因为有少数官员违法犯罪，就一概而论地认为官员队伍都是不可信任的贪官。（2）有些群众对官员、对队伍有些看法与怨言，我们官员自身要正确对待，要调整好自己的心态。清者自清，浊者自浊。有时候过多的解释、争执是没有必要的。对于误解政府官员的人，给他一个微笑，剩下的事就让时间去证明好了。（3）媒体要全面客观地宣传报道我们的干部队伍。建议在揭露批判落马的贪腐官员的同时，要加强正面宣传，挖掘与宣扬清正廉洁的好干部典型，弘扬正气，树立新风，传递更多的正能量。

三、从政必须学会走"钢丝绳"

在官场上行走做事，如履薄冰。在社会风气尚未好转的条件下，混迹官场是需要有一些生存智慧的。面对各种不良现象，我们一定要学会走"钢丝绳"，了解生存法则，增强自我保护意识。否则，对自己开展工作是很不利的，甚至难以生存。我在这里要声明的是：这绝非放弃原则，也不只是明哲保身。

1. 官场不乏谋人不谋事的人

这些人一事当前，首先考虑的不是工作，而是考虑对自己是否有利，研究上级领导的喜好和心思，思忖哪个领导会对自己有好感、关键时刻能帮忙说话。有的官员开会研究工作时不表态，城府很深，哼哼哈哈，即使发言也专拣好听的话说，若不注意分析，就搞不清他葫芦里卖的是什么药。还有些官员很会耍手腕，玩弄权术，总是在背后挑拨离间，放黑枪，唯恐天下不乱。我有一位战友这样说："官场的英雄常会被奸雄的黑枪打中，直率的好干部不一定有好下场。"此语可谓道出了官场的险恶。

2. 官场要当心"顺我者昌，逆我者亡"的领导

不论是谁，如果遇上这样的领导，倒霉的日子就开始了。你要坚持原则，就难免违逆领导的旨意；你要有所作为，就可能触犯领导的禁忌；你要为百姓说话，就会让领导感到难堪。诸如此类的事多了，领导怎么

能容得了你? 还有，那些热衷于"买官卖官"的高手，掌握着提拔任用干部的大权，他说你行你就行，不行也行，他说你不行你就不行，行也不行。遇上这样的领导，假如你不跑不送，即使你能力超群，照样让你"坐冷板凳"。

3.官场要提防弄虚作假、搞形式主义的官员

某些政府官员领导为了一己私利，好大喜功，急功近利，搞"面子工程"，用一些虚假政绩为自己"贴金"，企图得到上级领导的肯定与青睐。我的为官之道是说实话、办实事，反对形式主义，对于一些看不惯的现象往往要提点意见，说几句真话，这就特别容易得罪一些人包括某些领导，从而招致他们的中伤和报复。

4.官场要面对复杂的人际、裙带关系

官场上常常有许多不为人知的复杂关系，事实上也确实很难弄清谁是谁的人，你若不通人情世故，缺乏左右逢源的处事能力，进不了那些"小圈子"，必然被人小瞧，甚至受到排挤。面对这样的官场环境，有时只能做些人格的妥协，用"退一步海阔天空"之类的话来掩饰自己的无奈。否则，你很快就会失去这个为人民做事的平台。

5.官场要警惕某些私欲熏心的人

作为一个正直的人，是很难与那些以权谋私的人相处的。但是，你与这种人在一个单位共事，抬头不见低头见，工作交往没法回避呀! 为了工作，也为了生存，你有时不得不虚与委蛇，尽可能与他们处理好相互关系，但内心自然是不痛快的。对那些私欲熏心的领导和部属，若不能妥善处理好相互关系，不经意间得罪了他们，就会惹出不少麻烦，遭遇一些让人匪夷所思的怪事。

6.官场要谨防犯下"低级错误"

有人说从政是个"高危行业"，我觉得此言不虚。近年来，不少能力很强、颇有前途的干部一着不慎，陡然落马，教训十分深刻，不仅令人扼腕痛惜，更是让人觉得不可思议。作为凡夫俗子，每个人都有七情六欲，也就必然有这样那样的缺点弱点。如果有点小毛病，偶尔出点小

差错，自然并不奇怪。无论是谁，都不能保证自己一辈子不犯一点儿错误。但是，要特别指出的是，出格的事情不能干，低级错误断不可犯。仔细想想，党组织培养一个干部不容易，自己通过努力能够小有成就，理应非常珍惜。而某些低级错误，得到并不多，甚至什么都没得到，却付出沉重的代价，这就得不偿失了。可以说，身处官场从政，诱惑无处不在。我们每个人每天都在应付各种"考试""考核"与"考验"。本着对自己负责、对家人负责的态度，我们需要谦虚谨慎，需要戒骄戒躁，如此方能交出一份合格的"答卷"。

四、从政必须坚持原则性与灵活性相结合

作为一名政府官员，必须坚持原则。不讲原则的官员，算不上是一个好官。不守住做人为官的底线，就难免会犯错误，甚至走上违法犯罪的道路。在现实社会中，要当好一名政府官员，妥善处理各种事务，积极认真履职尽责，就必须既讲原则性又讲灵活性。坚持原则性与灵活性相结合，是从政的基本方法。

我在政府官员位置上工作了20多年，曾长期担任单位主要领导。实践告诉我，在与狼共舞的过程中，坚持原则性，就是要守住底线，不同流合污；讲究灵活性，就是要随机应变，把要做的事处理得恰到好处。比如，前些年，每当逢年过节，为感谢我们政府机关平日的关心指导，一些下属单位往往会向我们领导送一些礼金或消费卡，表示一份心意。对此，一般的处理方法是不能当面拒绝，不能咋咋呼呼，而只能暂时先收下来。因为，如果当面公开拒绝，一是会引起其他领导的反感，认为你影响他收受好处；二是下属单位的同志会认为你不信任他，遂产生戒备心理，乃至于以后与你格格不入。但先接受下来后，处理方法也要区别对待。如果我觉得此人基本素质还比较好，我就直接与他交换思想，讲清政府机关的廉政规定，说明不能随意收受下属单位礼金礼物的道理，把送来的礼金或消费卡退还给他。也可托能信得过的人，把送来的东西

退还给他。不管送的是什么东西、价值多少，退还时切忌找第三者证实。这样处理，既不会造成不良影响，还给下属单位的同志留了面子，双方都没有更多的思想负担。如果遇到不肯退回、且比较难说话的人，那就只能悄悄交给单位财务部门或纪检组织。再比如，请客吃饭问题，若亲朋好友之间在一起聚聚，互相请客吃饭，这本来是很正常的事，不会有什么问题。可是在官场就不太一样了，饭局里面大有文章。其中，有些饭局是坚决不能参加的，参加这些饭局，谈到某些问题时需要我当场表态。我这个人喜欢说真话，习惯实话实说，不愿意说违背自己真实想法的话。一旦参加了饭局，又即时说了真话，往往会引起有些领导不高兴，还会让安排饭局的人很尴尬。我认为，官场上的表态绝不可随意，要么不说，说了就要落实，做人为官都要讲诚信。从另一方面讲，如果被迫表态，说了违心的话，做了违心的事，说大了对不起党和人民，说小了对不起相处的人，说简单一点则对不起自己的良心。因此，类似这样的饭局，既然表态左右为难，还是尽可能不参加为好。

五、从政必须正确看待民主测评

组织年终民主测评，由下属单位给政府机关部门评议打分，是促进机关作风转变的重要措施。我在政府机关工作期间，曾多次经历这样的测评。我认为，这样做有一定的效果，但也有值得商榷、改进的地方。

这种民主测评存在的不足：一是时间短，单位多，随意性较大。这种测评基本上都是在开会快要结束时，临时发给与会对象一张表打分，全县近百个单位，要在有限的时间内，匆忙进行回顾和做出评价，要做到比较客观准确，是有一定难度的。二是参评人员政治素质、业务水平参差不齐，难保都能出于公心，不凭个人好恶，做出客观公正的评价。政府机关部门肩负着为国家，为人民管理的职能，在行政管理工作中，如果对某乡（镇）工作检查发现了问题，指出了不足，有的还给予了查处，这些乡（镇）往往会耿耿于怀，到年终测评时，一般是不会给查处过他们的部门测评打高分的。

让人不可思议的是，民主测评打分结束后，县委县政府把测评分数和名次在大会上公布了还不够，还将分数、名次与机关部门负责人的提升任用、与机关干部的奖金挂起钩来。这样做所产生的负面作用，就是诱使一些机关部门领导动起歪门邪道来。为了在民主测评中打高分、获得好名次，有些部门会设法迎合参加测评的乡（镇）领导，不仅请客吃饭打招呼，有的还要送礼表示意思，拜托他们在测评时高抬贵手。更严重的是，平日工作中应该按规定办理或处理的事，有些部门再也不敢严格执法，往往大事化小，小事化了，以免民主测评时受到影响。牵涉到切身利益，何必给自己找麻烦呢？我感到，这样的民主测评，如果不加以正确引导，只能造成一些干部对工作不负责任，放弃政府监管的职责，在原则面前"和稀泥"。

我在职时，对一年一度的民主测评，既高度重视，但又不过于看重。说高度重视，是因为这种民主测评有一定的积极作用，通过民主测评，有利于促进机关作风转变，推动领导班子自身建设，带头勤政廉政，进一步抓好本单位各项工作，提高机关工作人员的综合素质，树立政府机关部门的良好形象。说不把这种测评看得过重，主要是正确看待测评中的分数和名次，本着无愧于党和人民的期待，把应该做好的工作做好，把应尽的职责履行好。总之，我不会为了分数和名次而做出违心的事，更不会绞尽脑汁去谋取所谓的高分和好名次。测评得分的高低，在全县部门中是第几名，就随他们去评吧。我坚信，作为一名政府官员，把该做好的事做好，比其他什么都重要。

我感悟到，政府官员的综合素质如何，关系到国家政权的巩固和形象。加强政府官员队伍的思想道德建设和能力建设，必须把牢记党的宗旨、坚定理想信念放在首位。而作为一名政府官员，务必坚持"为民务实清廉"，珍惜岗位，恪尽职守，谦虚谨慎，淡泊名利，努力做一名让党组织放心、使人民群众满意的公务员。

第三节 在社会

在构思写"在社会"这一节时，我是有些纠结的。这个题目似乎太大了，如果什么都写，那要写多少啊！后来再想想，就从自身实际出发吧，有多少感悟就写多少，何必面面俱到呢！

在社会学中，社会指的是由有一定联系、相互依存的人们组成的超乎个人的有机整体。它是人们的社会生活体系。我们每个人都生活在现实社会中，谁也不能离群索居，每个人的荣辱祸福、得失成败都与所处的社会密切相关，因而必须了解社会，适应社会，并努力融入社会。很难想象，有哪个人可以超然于社会之外生活？

一、正确认识现实社会

我们所说的现实社会，是我们生活于斯、工作于斯的国度，即中华人民共和国，即处于社会主义初级阶段的中国大地。正确认识现实社会，首先就是要正确认识我国的国情，正确认识我们当前社会的基本矛盾，正确认识社会主义初级阶段的主要特征。这些，都是我们认识现实社会的着眼点，也是我们在谈到"在社会"时必须面对的。

1. 我们正确认识现实社会，就要看到当今社会的主流是好的，认清当今社会是以正能量为主导的社会，增强推进中国特色社会主义事业的信心，不断坚定道路自信、理论自信、制度自信和文化自信。对于当今社会还存在着这样那样的问题，我们要进行全面辩证的分析，既不掉以轻心，麻木不仁，也不惊慌失措，自乱阵脚，要相信在党和政府的正确领导下，一定会采取切实有效的举措，逐步加以解决。

2. 我们正确认识现实社会，就要积极把握新中国成立60多年来所发生的社会巨变。新中国成立以来，尤其是改革开放30多年来，我国经济社会的发展进步是举世瞩目的，伟大祖国实现了从积贫积弱到世界第二大经济体的转变，中华民族实现了从饱受欺凌到迈向伟大复兴的转变，人民生活实现了从缺衣少食到推进全面建成小康社会的转变。今天的中国，国家更加繁荣昌盛，社会更加和谐安宁，人民更加自豪自信。我认为，只要是不持有偏见的人，都会由衷地对此表示赞叹，并深感这样的巨变来之不易，应该倍加珍惜。

3. 我们正确认识现实社会，就要充分认识改革开放和发展社会主义市场经济的伟大实践，使我国社会的政治、经济、文化生活等各个领域都发生了深刻的变化，最突出的表现是：社会经济成分和经济利益多样化、社会生活方式多样化、社会组织形式多样化、就业岗位和就业方式多样化。在现实生活中，这"四个多样化"已经对人们的思想观念、行为方式、传统习惯等方方面面都产生了很大影响，迫切需要加以研究和解决。

4. 我们正确认识现实社会，就要清醒地觉察到现实社会的复杂性。我们说当今社会的主流是好的，并不等于一切都风平浪静。要知道当今社会是一个既像"万花筒"，又像"杂货铺"，还像一个"大染缸"的社会。社会不公的现象比较突出，人民群众关心的医疗、教育、养老、食品药品安全、收入分配、城市管理等方面问题较多，少数干部不作为、不会为、乱作为，一些领域的不正之风和腐败问题仍有蔓延趋势，西方敌对势力想方设法对我国实施渗透，妄图搞所谓的"颜色革命"。我们对这些复杂现象都必须有十分清醒的认识。

5. 我们正确认识现实社会，就要切实认清坚持依法治国的极端重要性。我们每天中午收看 CCTV 播放的《今日说法》，那些无法无天的人和事让人触目惊心；我们晚上 6 时收看江苏卫视播放的《新闻眼》节目，那些目无法纪的行径让我感到不可思议；我们经常看到《新闻联播》报道一些贪官"接受组织调查"或被判刑，那些违法犯罪的事例让人感到惋惜遗憾；我们还看到国际国内恐怖分子的嚣张气焰，以及社会上这样那样的丑恶现象，深感加强法治建设刻不容缓。如今，党中央已经把全面推进依法治国作为一项重大战略任务提出来，制定了全面依法治国的总蓝图、路线图、施工图，标志着依法治国进入了"快车道"，对我国社会主义法治建设具有里程碑意义。

二、充分认识我国社会的巨大变迁

明晰当代中国社会的变迁，了解近代中国社会发生了哪些变化，认清中国社会的演变过程，是我们牢固树立爱国主义信念的基本问题，是践行社会主义核心价值观的重要课题，对于构建社会主义和谐社会具有十分重要的意义。

我之所以要写社会变迁，是因为当今社会的许多年轻人不了解过去的历史，对旧中国缺衣少食的贫苦生活没有经历过，对西方列强欺负我们的行径没有亲身感受过。近一个世纪以来，中国共产党领导全国人民，浴血奋战，翻身解放，自力更生，艰苦创业，实现了祖国的繁荣富强，这是来之不易的。但是，现在有些年轻人"身在福中不知福"，他们对"没有中国共产党的领导就没有新中国"理解不深，对"坚持中国共产党领导是历史的必然选择"缺乏信心，跟着个别别有用心的人后面瞎起哄，说什么要推行多党制的所谓民主，这些都是政治上的糊涂观念与幼稚表现。他们哪里知道，中国如果实行多党轮流执政，就上了西方敌对势力的当，中国社会就很可能出现失控以致大乱的严重局面。

改革开放 30 多年来，我们国家经济社会的各方面都发生了翻天覆地的变化。1982 年，实行经济体制改革，提出走具有中国特色的社会主义道路；1992 年，确定建立社会主义市场经济体制，经济发展的速度与质量是全世界有目共睹的。如今，我国已是全球第二大经济体，综合国力显著提升，科学技术飞速发展，在国际舞台上的地位与作用已今非昔比，人民群众享有更多的发展机会，各项社会事业不断进步。特别要指出的是，我国广大城乡群众的生活水平大幅度提高，普通家庭生活日渐富裕，全面实现小康社会已经不再是梦。这里，我想列举与人民群众生活密切相关的几个方面来说明。

1. 收入问题

在江苏南通地区，目前普通工人的月收入，一般在 3000 元以上是没有问题的，如果加上"五险一金"每个月大致可达到 5000 元我国西部地区可能稍少些。南通地区的退休职工每月的养老金都在 2000 元以上。

2. 住房问题

改革开放前，城里的家庭住房，如果人均 10 平方米左右就相当不错了，许多困难家庭"几代同堂"往往全家七八个人挤住在一套小房子里。农村的老百姓基本上都是土墙草房，不少人家房子是漏雨的，墙壁是透风的。现在，城市居民的住房，一般家庭都已达到平均每人 20—30 平方米，人均 30 平方米以上的家庭已经为数不少，还有些人家甚至拥有两套住房。农村的普通老百姓，有的都盖起了两层楼房。

3. 通信问题

1978 年，我国城乡居民家庭电话的普及率是 0.4%，当时使用的都是数字码盘拨号机。现在，基本家家户户都有座机电话，有的家庭成员因为都有了手机，办理了亲情网，通话不要钱，干脆把座机拆了。有人调侃说，捡破烂的都有手机了。视频由 MSN 发展到 QQ，现在有了微信，上网更快更清晰更方便了，这在过去是不可想象的。

4. 穿衣问题

20 世纪六七十年代，普通老百姓穿的衣服颜色，基本上以黑、灰、蓝为主要色调，棉布为主。现在的人特别是年轻人非常考究，穿衣服都喜欢穿高档时尚的，有的还特别要穿品牌的。有人归纳说，在穿衣问题上，过去是"一衣多季"，如今是"一季多衣"，广大群众的穿着已大大改善。

5. 嫁妆问题

以前年轻人结婚，姑娘出嫁时的陪嫁物品中，如果有"三转一响"，即自行车、缝纫机、手表、收音机，就觉得这个人家很富裕，也很有面子。现在则讲究是否有房有车，而且还要看房子大不大、汽车是否高档。当然，攀比也没必要，物质财富只是表面东西，关键还是要看结婚男女的感情如何。

6. 交通问题

过去很多农村都是土路，交通十分不便，从乡下到县城，坐小轮船需要半天时间，一般当天很难返回家的。当年不少人没有乘过汽车，进县城几乎是一件"奢侈"的事情。如今，公路四通八达，有了"村村通"，省内都建起了高速公路，高铁把大城市连成一片，如要出远门，高速大巴、动车高铁、飞机，各种交通工具相当便捷。

7. 饮食问题

我们年轻的时候，吃不饱肚子是经常的事情，根本不奢望能吃多好的食物，更谈不上什么饮食营养了。逢年过节能买上2斤肉，全家老小都已经喜出望外了。改革开放前，县城没有几家小饭店，而现在的县城，到处都可以见到中高档酒店。很多人不是没有好的东西吃，而是再也不敢贪吃，有的身体出现"三高一糖"问题，要考虑如何管住自己的嘴的问题了。

8. 医疗问题

过去的医疗条件很差，医院病床也很少，医疗技术很落后，特别是农村"缺医少药"的现象十分突出，一般普通人家有了病是不上医院的。解放初期，我国人均寿命不到40岁，老百姓把活到33岁称之为本寿。现在，尽管还不同程度地存在"看病难""看病贵"的问题，但医疗条件、诊断水平、治疗技术等都已明显改善。由于医疗、饮食等状况的优化，我国城乡居民的人均寿命已达到 70 多岁。人寿年丰，让人们的幸福指数大大提升。

我感悟到，见微知著，从老百姓日常生活的逐步改善，可以看出国家经济社会的发展进步，印证了"国家更加繁荣昌盛，社会更加和谐安宁，人民更加自豪自信"的大道理。

当然，在深化改革、扩大开放的进程中，受一些错误思潮的影响，拜金主义、享乐主义、极端个人主义等沉渣泛起，以致出现了"一切向钱看"的倾向，产生了一些社会矛盾，这主要体现在以下几个方面：（1）强势集团与弱势群体之间的矛盾，贫富差距正在逐渐拉大。（2）法治建设滞后与社会发展速度之间的矛盾，"黄赌毒"等丑恶现象令人担忧。（3）人们日益增长的物质文化需要与社会分配不公之间的矛盾，不少家庭实际生活水平未能同步提高。（4）弘扬社会正气与思想道德缺失之间的矛盾，对社会和谐安定造成较大危害。对于这些社会矛盾的产生，我们要客观地加以分析，辨清主流与支流，同时要坚信我们的党和政府有自纠自改的能力，一定会把这些问题尽快加以解决，把我们的国家治理得更好。

三、全面看待改革开放后的若干社会现象

从 1978 年党的一届三中全会开启的改革开放，给古老的中国大地吹来一股清新之风，为我国经济社会发展注入了强劲动力。30 多年来，改革开放使我国政治、经济、科学、文化、教育以及国防建设等诸领域都发生了深刻变化和巨大进步，这是连我们的敌人都不得不承认的事实。但是，改革开放是一把"双刃剑"，在社会发展进步的同时，也难以避免地带来一些负面、消极的东西，出现一些新的社会问题。对于这些新的社会问题和矛盾，我们要高度重视，全面看待，积极面对，着力解决。

1. 社会公平

这些年，党和政府十分强调改善民生，解决社会公平问题，要让广

大的人民群众共享改革开放的成果。据 2015 年 12 月 9 日新华报业网报道，江苏省约有 8.8 万人身家超千万，其中 5900 位身家上亿。这些腰缠万贯的"富豪"与尚需要扶贫的贫困地区群众形成了鲜明对比，牵动着各级党委政府担忧"两极分化"的敏感神经。我们承认，社会分配不可能没有差距，靠诚实劳动获取正当收入，拉开贫富差距，人们是能接受的。但不可否认的是，这种差距拉得太快太大，某些先富起来的阶层的"一夜暴富"难以让人心服口服。

2. 发展方式

发展是硬道理，不发展没道理。发展是解决一切问题的基础和关键。但我们必须把发展的目的搞清楚，把眼前利益与长远利益、局部利益与全局利益协调好，把经济发展与生态保护的关系处理好，着力转变经济发展方式。现在不少地方片面强调 GDP，只顾发展速度，不重视保护有限的资源；有的地方重复建设较多；房地产开发无序，泡沫明显；搞虚假政绩，地方财政亏空严重；盲目招商引资，环境污染严重等问题都没有得到有效遏制。有的地方政府领导热衷于做表面文章，只图自己的所谓"政绩"，虚报浮夸，瞒上欺下，置群众利益于不顾。对于这些违背科学发展理念的做法，如果不加节制，后果将不堪设想。

3. 社会阶层

改革开放特别是进入 21 世纪以来，对阶级、阶层的研究成为社会学领域的热门。我读过好多本关于分析当今中国社会各阶层现状的书籍，其中有一本书，按照改革开放以来既得利益的大小，将我国目前的社会阶层分为：权贵阶层也称特权阶层、既得利益阶层、中产阶层、小康阶层、次小康阶层、温饱阶层、贫困阶层、特困阶层等。如此划分是否科学，自然是见仁见智，但从构建社会主义和谐社会的高度来看，怎样调节平衡社会各阶层之间的利益关系，正确处理新形势下的人民内部矛盾，理应引起各级党委政府的关注和重视，摆上重要议事日程。

4. 道德滑坡

社会道德水准严重滑坡，是近年来突出的社会现象，让人感到我们中华民族的优秀文明传统在倒退。"一切向钱看"的倾向比较普遍，有的人认钱不认理，淡漠信仰，丢弃信誉，丧失斗志，追求享乐。一些手中掌握公权力的党政机关人员肆意对群众敲诈勒索，老百姓将其称作"贪官越小越可怕""大菩萨好见，小鬼关难过"。有的医护人员医德较差，开药方拿回扣，让患者花冤枉钱重复检查，开刀动手术要送"红包"。人们相互之间缺乏信任感，在大街上遇到跌倒的老人不敢上前扶起，怕被诬称撞倒老人。有的子女嫌弃年迈的父母，不肯承担赡养老人的义务。市场上假冒伪劣商品防不胜防，几乎吃的、用的都有假冒伪劣，餐桌上的安全健康问题让人揪心。大量事实证明，重塑中华文明刻不容缓。

5. 诚信缺失

讲诚信是公民道德的基本要求，人们都希望生活在一个诚信无欺的社会环境中。可是，当今社会因为诚信的缺失，人们总是害怕被欺骗，以致人们相互之间都没有了基本的信任感。有的企业不讲信用，不守合同，"三角债"拖垮不少企业。民间骗婚，骗得当事人哭笑不得，负债累累。宣传报道领域的假报道、假广告，让老百姓受骗上当，叫苦不迭。劳资纠纷屡见不鲜，农民工辛辛苦苦干了一年，工钱迟迟拿不到。还有以次充好、短斤少两等，坑害百姓，让人担心害怕。由于不讲诚信，互相之间打交道需要付出更多的时间与精力。而政府机关的诚信出了问题，形象差了，将会使老百姓失去对政府的信任。

6. 低龄犯罪

由于思想教育工作不到位，家庭教育、学校教育和媒体宣传没有形成合力，加之受一些不良社会风气的影响，违法犯罪出现低龄化倾向，青少年犯罪案例呈上升趋势。有的青少年耳闻目睹党政官员权钱交易的丑行，以及"暴发户"耀武扬威的表现，盲目追求灯红酒绿的享乐生活，他们没有正当渠道获取高档消费的资金，只好走极端，从小偷小摸到盗窃，再发展到团伙犯罪。还有就是社会管理问题，有的青少年沉湎于游戏机与网络世界，难以自拔，逐渐走上违法犯罪的道路。

7.寻机诈骗

当下，各种诈骗案件频发，尤其是网络诈骗，社会危害性之大，受骗人数之多，骗术之高明，让普通群众避之不及，心惊胆战。我曾亲身经历了两件事：几年前的某天早上，我正在吃早饭，突然有一个年轻人敲门，胸前挂着一个通信部门工作人员的牌子，走进我家后，他大大方方地开始介绍什么一次性缴1000元话费，打长途电话按照市话收费标准计费等等。听后我感到有诈，一时也不好说他是诈骗，就对他说，你们电信局的局长我认识，我打个电话核实一下再定，他一听不妙，灰溜溜地走了。没过几天，听说有的邻居被这些骗子给骗了。还有一次，有一个陌生人到我家，当时我不在家，他对我爱人说，他是我的战友，遇到特殊情况，急需要借点钱用，我爱人打电话问我，我说我不认识这个人，是不是我记不清了，我马上回来看看再说，要他等一会儿，谁知他立刻溜走了，我估计这也是流窜作案的诈骗惯犯。

8.婚姻"出轨"

改革开放前，人们都觉得离婚是一件不太光彩的事。近些年来，也许是趋于开放的原因，人们对离婚不再讳莫如深。据国家民政部有关调查，2015年中国依法办理离婚手续的共有384.1万对，离婚率为2.8‰，2002年中国离婚率仅有0.90‰，13年间离婚率逐年攀升。离婚率的逐年攀升，原因是多方面的，但其中突出的是婚姻危机，夫妻一方对配偶不忠，与第三者暧昧"出轨"；有些党政官员搞权色交易，包养"小三""二奶"，长期保持不正当关系；有的女人为了追求不劳而获的奢靡生活，不要人格，卖身享乐。这是当前不容忽视的严重社会问题。

9.铺张浪费

如今经济条件普遍好了，但凡家里有红白喜事，请些客人乃人之常情，只要不铺张浪费就可以了。可是，在一些地方，讲排场、摆阔气的多了，什么谢师宴、生日宴、接风宴、送行宴等十分盛行，有的还脱离实际，大操大办，比谁的宴请"上档次"。就从我们海安一个小小的县城看，大小饭店几百家，基本上天天客满，互相宴请，互相攀比，让人感到实在没有这个必要。在饭店吃饭还有一个普遍现象，那就是浪费严重，吃剩下来的菜肴很少有人打包带回家的。

10. 信任危机

现在老百姓对党政机关的公信力是有看法的，认为如今到处有关系网，熟人好办事，没有关系的势必到处碰壁，掌握实权的官员不能一视同仁；不少人认为政府对行骗、造假等恶劣行径惩罚打击不力，对制售假冒伪劣商品坑害百姓的行为感到十分忧虑；有的人仇官仇警仇富，见官员就感觉"凡官必贪"，见做好事的就怀疑此人有什么目的，见经营者就认为是奸商等，一叶障目，以偏概全。可以看到，就是那些处事不公、行骗造假、撒谎造谣的诸多现象，造成了当前的信任危机。

四、积极适应与融入社会主义初级阶段的现实社会

对于"在社会"，对于处于社会主义初级阶段的现实社会，不管怎样，我们个人都是无法改变现状的。那么，我们该怎样立足社会呢？我感悟到，作为一个社会人，就是要在积极适应社会、努力融入社会的过程中，传承中华民族传统美德，践行社会主义核心价值观，弘扬正能量，踏实做人做事，树立文明新风，为构建社会主义和谐社会做出应有贡献。我以为，这样做，是一个受党培养教育多年的党员干部应尽的责任。

1. 要对社会常怀感恩之心

在我们的成长道路上，曾经得到过来自各方面的关心帮助。怎样看待他人曾经给予的关心帮助呢？一种是心安理得，仿佛别人都是应当帮他的，无所谓感恩之心；一种是心存感激之情，懂得"滴水之恩，当涌泉相报，这两种处事态度，泾渭分明，天壤之别。何以感恩？我们感恩父母，是因为他们养育了我们，使我们得到了一世的生命，并得以健康成长；我们感恩长辈，是因为他们给了我们很多的关爱和温暖；我们感恩兄弟姐妹，是因为手足情深，血浓于水；我们感恩老师，是因为他们

让我们学到了为人处世的许多知识；我们感恩各级领导，是因为他们的培养，使我们在前进道路上迈出坚实步伐；我们感恩朋友，是因为朋友的支持，才有了我们在各方面的成功以及进步；我们感恩社会，是因为社会的接纳与包容，为我们创造了施展才能的大好舞台……总之，爱情、亲情、友情，是生命中的无价之宝。一个人的能力是有限的，如果没有他人的关心、帮助和支持，只有单枪匹马，往往就会寸步难行、一事无成。从这个意义上说，感恩之心不可无，这是做人的基本道理，也应当是一种世界观、人生观、价值观。

2. 要在本职岗位上敬业奉献

我们每一个人踏上社会后，可以有很多选择，有的献身国防，有的入职机关，有的在家务农，有的进厂做工，有的教书育人……总之，都会参加工作。我始终认为，不论是哪一种工作，都是国家建设发展的有机组成部分，都没有高低贵贱之分。我们所从事的点滴劳作，都是在为国家效力，为社会这座"大厦"添砖加瓦。在我们身边，有不少业绩卓著的模范人物，他们身处不同岗位，经历表现也各不相同，但都有一个共同特点，就是敬业爱岗。他们坚守心中的理想，认准自己的人生目标，热爱本职工作，脚踏实地做事，他们没有好高骛远，而是执着追求，干一行、爱一行、钻一行，一生无怨无悔，在平凡岗位上努力实现自己的人生价值。我们要以这些模范人物为榜样，学习他们的好思想、好作风，珍惜自己所处的工作岗位，增强事业心和工作责任心，刻苦钻研业务技术，努力在平凡岗位上创造不平凡的工作业绩，真正成为一个对社会有用的人。

3. 要自觉养成遵纪守法的良好习惯

在当前竞争激烈的社会中，我们不仅要重视提高科学文化素质，更要培养高尚的道德修养，做一名遵纪守法的合格公民。要坚持学法知法，分清合法与违法的界限，明辨是非，识别善恶，不断增强法制观念，走好人生每一步。要遵守公序良俗，发扬社会主义新风尚，带头实践社会主义荣辱观，提倡良好的社会公德、职业道德和家庭美德。要保持廉洁自律，杜绝以权谋私，自觉抵制各种不正之风，发扬艰苦奋斗、勤俭节约的优良传统，坚决反对和制止各种奢侈浪费行为。要处处依法办事，对法律怀有敬畏之心，自觉遵守法律法规和规章制度，严格按法律规定的权限、程序、方法和要求办事，确保各项工作沿着法治方向健康、持续、稳步发展。

4. 要坚持诚实守信的做人底线

我国是个文明古国、礼仪之邦，历来重视诚实守信的道德修养。诚实守信，不论在哪个年代，哪个国度，都是一种最受重视和最值得珍视的品德，一个抛弃了诚信，靠撒谎和欺骗他人生活的人是难以在学业或事业上取得成功的。当前，在我们的社会生活和经济生活中，失诚失信的不道德现象还比较突出，使心与心之间筑起了樊篱，在人与人之间打起了围墙，从"心灵不设防"到"处处要提防"，这实在是少诚缺信的结果。我们每一个人都是社会中的人，生活在一定的社会关系之中，这就要求我们正确处理自己与他人的关系，切实做到诚实待人，不说谎；讲求信誉，守信用；知错就改，求谅解；公平竞争，不作弊；实事求是，讲原则。我感悟到，坚持诚实守信，说到底，就是要说老实话，办老实事，做老实人。这也是我们立足社会做人的基本底线。

5. 要确立尊重他人、平等待人的基本态度

尊重他人，才能赢得他人的尊重。这是我们立足社会应当懂得的基本道理。自觉尊重他人，注意相互尊重，是处理好工作中的人际关系、确保愉快和谐地合作共事的重要基础。在工作中，在一个单位里，每个人都扮演着不同的角色，承担着不同的职责，但人格是平等的，理应互相尊重。领导要关心爱护部属，善于调动和发挥部属的积极性；下级要服从命令听指挥，认真完成领导布置的任务；同级之间围绕目标，要彼此团结协调，互相支持配合，这些都是尊重他人的具体体现。尊重他人，是彰显现代文明的显著标志。就我们个人而言，尊重他人，则是一种大智慧，是一种高尚的美德，是个人内在修养的外在表现。先秦著名思想家荀子明确提出：仁者必敬人。在如今激烈的职场竞争中，只要我们心

态平和，懂得谦恭，真诚待人，并善于换位思考，就一定能掌握尊重他人的真谛，与人为善，互相尊重，就能建立良好的人际关系，赢得广泛的帮助和支持，真正在社会上站稳脚跟。

6.要奉行"我为人人，人人为我"的处世原则

人际交往，其实就是人与人之间精神与物质的交换过程。"我为人人，人人为我"这一原则，也许我们早已耳熟能详，但并不是我们人人都能正确理解两者之间的关系。现在的孩子都是独生子女，在家中备受关怀，饭来张口，衣来伸手，已经习惯了父母的那种单向的、全身心的、不求任何回报的宠爱。那么，到了社会上，在与家庭以外的人的交往中，我们还能像在家里那样，心安理得地享受别人对你的关爱吗？因此，作为社会的一个成员，每一个人都必须从"我为人人"做起，只有这样，才有可能享受到"人人为我"的恩惠；只有履行了"我为人人"的义务，才有享受"人人为我"的权利，这是一个现代文明社会得以正常维系的基本准则。反之，要是每一个人都希望享受"人人为我"的恩惠，却不思考如何去履行"我为人人"的义务，那么最终的结果是谁都无法得到"人人为我"的服务，这个社会将变成一个极端自私和混乱的人间地狱。

7.要发扬与人为善、助人为乐的传统美德

在我的认知中，中华民族素有与人为善、助人为乐的传统美德。向青少年灌输行善奉贤的理念，历来是启蒙教育的基础课程。回望我国5000年的文明史，可以读到无数乐善好施、热心公益的动人故事。而在我们身边，也有这样的爱心人士，我的拳友、师兄，海安德荣置业有限公司董事长蔡进先生，2007年就从事慈善事业，不仅向县慈善会捐款，还向汶川灾区等地捐款。他资助家乡公益事业及县内孤残儿童50多万元。2014年，他在原来慈善助学的基础上，捐资建立了"德荣助学资金"定向用于品学兼优、家庭困难的大学新生，当年救助困难学生40多人，每人3500元，对特殊困难的学生加发救助款。2015年将救助学生扩大到50人。2014年发救助金15万元，2015年扩大到18万元。南京财经大

学 2014 年入学的学生罗蒙因患病左腿被截肢，他得知后，把罗蒙的学杂费全部包了下来。他还每年资助孤儿姜春雨 2 万元，供给其生活和上学的费用。他的父母都是老干部，去世较早，他把孝心献给敬老院的老人们，每到中秋节、春节都为 50 多位老人送衣服、食品、红包。为改善老人的生活条件，还买了 24 台电视机、28 台空调送给敬老院。他发现社会上生病，家庭有困难的人，就伸出援助之手，对患癌症的史世来、林云山等人有困难，他都会慷慨解囊。

蔡进先生的孩子结婚，他把来宾的礼金全部捐献用于"520"（我爱您）助学资金，资助 400 名家庭有困难的学子完成学业。

蔡进先生做慈善事业不是听到宣传感动后捐献点钱物，而是作为一项事业做，他有计划、有安排；他做慈善事业不是在党和政府动员后做，而是主动积极地长期在做，他从事慈善事业已经 10 多年；他做慈善事业不是他一个人在做，而是带领全家和引导身边的人共同做，到敬老院慰问时，带着爱人、孩子一起去。在他的带动下，与他一起打太极拳的拳友们为西部老区捐献衣物 1000 多套，为阜宁龙卷风受灾区捐款献爱心等。他不仅做慈善事业，而且经常参加义工活动。

由于经济条件所限，我没有能力捐献很多款物，但我和我的家人始终力所能及地做着好事善事，一旦知悉某地有灾情或某人有困难，我们都会毫不犹豫地捐款捐物，献上一份爱心。今后我们还将坚持不懈地在这方面努力。此外，社会上还有许多值得我们赞扬的，如见义勇为、救死扶伤、拾金不昧、志愿团队、无偿献血等，这些无私奉献的事例都值得我们学习，需要我们点赞！对于这样的凡人善举，我们一定要积极挖掘，认真总结，大力宣扬。要在整个社会中努力做到：凡是有利于行善奉贤的言行，都要坚决支持，大力倡导；凡是有悖于行善奉贤的举动，都要坚决反对，严加贬斥，真正树立见贤思齐、择善而从的社会良好风尚。

我感悟到，适应社会，融入社会，无疑是一篇大文章。我谈到的这些，还远未全面精准地做出诠释。但是，只要我们坚持"从我做起，从小事做起”，严格要求自己，认认真真做事，堂堂正正做人，“勿以善小而不为”，就一定能“聚沙成塔”，构建社会主义和谐社会。因为，我们的社会需要真善美，我们的事业需要正能量。唯有如此，我们才能不断凝聚起实现民族复兴的中国力量！

第四节　在群体

　　人们在现实社会生活中，常常会自觉不自觉地参加到这样或那样的群体中。群体一旦形成，为保障群体的共同性，就会有群体的信息传播，就会有群体的意识反映，就会对个人的态度和行为产生一定的制约。因此，我们应该对群体有清醒的认识，哪些群体可以参加，哪些群体不该参加。

一、群体的概念与区分

　　群体是相对于个体而言的，是指两个或两个以上的人为了达到共同的目标，以一定的方式联系在一起，进行各种活动的人群。群体的范畴，小到民间组织，大到国家政党，不一而足。

　　物以类聚，人以群分。对于群体的分类，不同学者有不同的观点。美国的社会学家库利最早提出群体的分类法，他认为，群体是指以感情为基础，成员间彼此熟悉、亲密的社会团体。根据群体在社会化过程中所起作用的直接和间接程度，库利将群体分为初级群体和次级群体。德国社会学家 M. 韦伯将群体中是否存在管理主体或机构作为分类标准，把拥有管理组织系统的群体称为"团体"，其他则属于一般群体。另一位德国社会学家 L. 威瑟也依据组织性的强弱，将群体分为两类，一类是组织群体，另一类是非组织群体。

按照我的理解，组织群体也可以称之为正式群体，是为了实现组织赋予的任务而建立的。而非组织群体，也可以称之为自然结合形成的多样的、不定型的群体，即非正式群体，是为了满足个人的需要，以兴趣和感情为基础自然结合形成的。该群体的成员有共同的语言，以一定方式联系，能谈到一起，玩到一起，对群体有认同感和归属感。换句话说，也就是社会生活中经常性相见相聚，以共同活动为纽带的人群。

我在本节想与大家交流的，是关于当今社会非正式群体的话题。我把这方面的感受写出来，是想与朋友们分享参加群体活动的意义和快乐，尤其是离退休的老同志，不能把自己封闭起来，要走出家门，广交朋友，充分享受老年生活的应有快乐。

二、群体与生活圈子

群体与生活圈子有联系也有区别。生活圈子通常是指在生活中经常交往、相处的一些人，这些人就是生活圈子里的人。所谓生活圈子，也可以说是某些人的社交活动。

我们通常把经常相处的朋友、交往的亲戚、有联系的战友、打交道的同学等称之为生活圈子里的人。这些生活圈子里的人经常保持联系，使自己的生活更加充实，更加阳光灿烂。但是，我感到，如果生活圈子里的人不是志同道合，只是互相利用，缺少正能量，那对自己的人生是有影响的。

我们通常把有共同兴趣爱好，自发走到一起开展活动的人称之为自发的群体。比如，当今社会流行的跳广场舞的人，晨练打太极拳、练气功的人，经常在一起做义工的人，送文化下乡的文艺人，等等，都可以称之为群体。我觉得这样的群体不仅对个人身心健康有益，而且对社会和谐稳定也是有益的。

最近几年，手机微信非常流行，成为亲朋好友之间联络交流的信息平台。我加入了几个微信群，经常可以接收到老首长、老战友、老同事、老朋友的许多信息，不仅可以学习到许多新的知识，增添了许多乐趣，听到了许多过去听不到的真话，还可以相互交流，使我的生活更加丰富多彩。

三、正确看待各类群体的存在及其作用

《战国策》早有"人以群分，物以类聚"之说。自从有人类以来，就有了群体。原始社会因生存的需要，一个部落的猿人会一起打猎。随着经济利益关系的划分，逐渐产生了阶级，不同的阶层就是一个利益群体。进入新的历史时期，现实生活五彩缤纷，人以群分更加明显，由于各种利益关系的驱使，人们互相认同，聚集到一起而形成各类群体。但我以为，现实生活中的群体不完全是原来意义上的群体了，因为许多是彼此有相似的兴趣爱好，且志同道合，无私奉献，积德行善者结成的群体。比如，我们海安县"拳心拳谊"太极拳群体，近年来，先后为孤儿姜春雨捐款供其完成学业；为甘肃乐县贫困地区捐款购买衣服；为患病的拳友捐款治病；为遭受龙卷风的阜宁灾区捐款等。我感到，这些对社会有益的群体，我们应当积极参与并给予支持。

在这里，我想与大家共同探讨几个非正式群体的话题，以求得共识。

1. 要高度重视和关心弱势群体

所谓弱势群体，就是那些无权无势、失意贫穷的下岗职工、农民工、普通打工仔、因病致贫者等人群。这个群体是相对于有钱有势、富裕阶层的强势群体而言的。他们身处社会底层，买不起房，看不起病，孩子上不了大学，生活潦倒困顿。我建议：各级党委政府以及社会各界一定要积极采取措施，对这个群体给予比较多的关心照顾，尤其是在即将全面建成小康社会的背景下，可不能让这个群体"掉队"啊！改革开放30多年来，我国的综合国力大大增强，我相信党和政府有能力、有办法解决好弱势群体的生活困难问题。

2. 要积极妥善地解决群体上访问题

群体上访是近年来一个突出的社会问题，而现在有的地方（部门）走进了"维稳"的思维误区。有些地方政府不能正确看待与处理新形势下出现的社会矛盾，消极片面地领会贯彻邓小平同志关于"稳定压倒一切"的重要论断，往往把群众的利益表达与社会稳定对立起来，错误地把群众正当的利益诉求与表达当作不稳定因素来看待，甚至煞有介事地说什么"要防止别有用心的人挑起事端，制造混乱"。诚然，国家的改革开放和现代化建设事业，确实需要营造安定和谐的社会环境，问题在于，营造安定和谐的社会环境要抓住根本、抓牢关键。群体上访的原因是多方面的，但毕竟是人民内部矛盾。按照我们党的优良传统，要注重经常性的思想疏导工作，特别是要关注民生问题，关心群众疾苦，彰显党和政府"权为民所用，情为民所系，利为民所谋"的执政理念，夯实维护社会稳定的群众基础，努力构建和谐社会，决不能盲目地"头疼医头，脚疼医脚"，也不能简单地"兵来将挡，水来土掩"，更不能错误地滥用专政工具，拿人民专政的工具对群体上访的人员实行"专政"。近年来，在信访领域出现了一个所谓"优抚对象成了维稳对象"的热点问题。这个上访群体的成员都是当年把青春年华奉献给祖国的军人，尤其是参战部队的退伍军人，由于优抚政策没有从根本上得到落实，以致造成了群体上访的现象，我感到，这些人是应该给予特别关心的特殊群体，如果不能妥善解决这一群体的实际困难和问题，对加强国防建设、对构建和谐社会都会造成严重的负面影响。

3. 要正确把握战友会、同学会等群体联谊活动的性质

这些年，由于生活条件逐步好转，各种名目的聚会十分时兴，不少人对此类聚会也是乐此不疲，同学会、战友会、同乡会等人群的联谊活动应运而生。如何正确把握与区别对待战友、同学、老乡等群体的活动，其中关键是要有明确的政策界限，不能简单地进行封堵或禁止。据说，中央纪委已经做了一些规定，提出了明确要求。对于中央纪委的这些规定和要求，我们都应该坚决遵照执行，绝不能含糊。我以为，战友、同

学、老乡之间的正常交往与借"战友会""同学会""同乡会"之名搞不正当的活动是有根本区别的，只要不违法违纪，就不会有什么问题，没有什么好担忧的。至于有些人借"聚会""联谊"为名，传播不良言论，从事妨碍国家安全稳定的非法活动，这就触犯了法律底线，是绝不容许的，必须坚决反对、坚决抵制、坚决禁绝。

4. 要关注不同人群收入差距有扩大趋势的不正常现象

当前，老百姓意见比较多的是分配不公，以及不同人群收入悬殊等问题。据某权威机构调查发现，目前已经出现四个明显不同的利益群体，即特殊获利群体、普通获利群体、利益受损群体、社会底层群体。这四个群体的收入差距是相当惊人的，说"两极分化"并不为过。我感到，改革发展带来利益调整，一部分人先富起来，这是难以避免的问题，我国居民收入分配存在的问题是在共同富裕道路上的差距，是前进中的问题，我们不应该说三道四。但是，社会不同人群出现"两极分化"倾向，绝非小事，政府不能熟视无睹，坐视不管。一部分名牌演员、歌星、民营企业老总、外企白领等人群，收入不菲，住高级别墅，开高档轿车，而利益受损、社会底层等群体的成员，买不起房、孩子上学困难、因病致贫、生活拮据的不在少数。中央已经提出，要调节收入分配问题，做到提高低收入，扩大中等收入，调节高收入，保护合法收入，取缔非法收入。我希望，有了好的思路，重要的是要有切实可行的举措来保证落到实处。

5. 要特别注重研究探讨的几个群体

我们要注重研究探讨的群体有，第一，中国正在进入老龄化社会，已经是不争的事实。我本人也已经步入老年群体，亲身感受到，如何认清老龄化社会的主要特征，积极加以应对，让老年人过上幸福的晚年生活，实现老有所为，老有所养，老有所医，老有所乐，这是摆在各级党委政府面前的现实问题。第二，打工者群体。这个群体人数众多，流动量极大，涉及面相当广，他们与亲人长期分居不同地方，家庭成员之间长期得不到互相照顾，子女的培养教育更是难以顾及，生活艰辛，感情淡漠，许多实际问题困扰他们，这是常人难以体会的。第三，青年群体。这个群体是祖国的未来，是实现中国梦的一支生力军。但现在有不少年轻人比较浮躁，大事做不了，小事又不愿意做，缺乏脚踏实地的敬业精神，一些家里经济条件好的安于"啃老"，而家里经济条件差的则不知所措，对自己的前途感到迷茫。各级党委政府要关注青年群体的健康成长，了解掌握青年群体的思想动态，有针对性地做好思想教育工作，引导广大青年把为实现中国梦做贡献与体现自己人生价值有机结合起来，当好中国特色社会主义事业的可靠接班人。

四、努力促进所在的群体健康运行

现代社会条件下，只要遵纪守法，各类群体都是自由的。而我们每个加入不同群体的成员，不仅要积极融入这个群体中，还应当关心群体，维护群体，在群体中发挥好的作用，努力把群体建设好，确保群体始终在健康的轨道上运行。这些都是我们必须重视的问题，这也是我写本节的初衷。

1. 维护群体内部的良好氛围

我感到，一个好的群体，要有凝聚力。大家为了一个共同的目标聚集在一起，就应当团结友爱，互相帮助，共同进步。群体内部要加强沟通协调，对于因思想观念不同、人生阅历不同、年龄差距不同等造成的分歧与矛盾，应当在互相理解与包容的基础上，及时沟通，交换意见，求同存异，协调解决，积极维护群体内部的良好氛围。

2. 坚持严以律己

每个群体成员都要严格要求自己，重视自身修养，增强是非观念，自觉维护群体形象，尊重群体的其他成员，积极参与群体活动，做到不该说的话不说，不该做的事不做，帮助群体中有困难的同志排忧解难。

3. 传递和弘扬正能量

加强群体建设，必须明确建立群体的出发点和落脚点应该是对社会、对自己都是有益的，这就需要每个成员为群体不断传递正能量，大力弘扬正能量。我们每个人生活在社会群体中，应该能学到很多知识，接受到许多新鲜事物，生活得很充实。我从领导岗位上退下来后，不把自己封闭在家里，而是把自己融入群体中，广交朋友，积极参加各种群体活动，比如每天早晨按时到晨练群体打太极拳、练气功。在这个群体中，不仅锻炼了身体，而且与大家在一起相互交流，达到了心理健康和身体健康的双重目的。

第五节　在家庭

　　家庭是由婚姻、血缘或收养关系组成的社会组织的基本单位。家庭是社会的细胞，是人生的港湾，是血缘关系的载体和亲情的纽带。每个人都有家庭，谁也离不开家庭，人生与家庭的关系最为密切。

　　家庭有大家庭和小家庭之分，我们通常所说的家庭，一般是指男女婚姻关系结合，繁衍后代，生育子女，正常在一起生活的人组成的家庭。大家庭是由小家庭组成的，几个有血缘关系的小家庭合并为一个大家庭，再不断地衍生。我们由五十六个民族组成的中华民族，就是一个最大的家庭。

　　有人称家庭是社会的细胞，这话确实有道理，因为社会是由千千万万个家庭组成的，家庭的一个个细胞健康了、和谐了，整个社会也就健康与和谐了。

一、我对家庭重要性的认识

　　什么样的家庭才是幸福美满的家庭？我以为，最重要的是四句话：夫妻恩爱、尊老爱幼、家庭和睦、心情愉快。

　　1. 家庭是人生的重要组成部分

　　人生的事业，人生的幸福指数，乃至人生的前途命运都与家庭紧密相连。

人生在世，总是要工作，要干事业的，事业与家庭两者是相辅相成的。无数事实证明，一个人的事业有成，都离不开家庭的支撑，没有和谐的家庭，事业很难成功；没有成功的事业，要想建立一个幸福美满的家庭也是不可能的。无论是普通百姓，还是名士达人，如果不能处理好事业与家庭两者之间的关系，就不能算是成功的人生。

一个人的幸福指数如何，关键要看其家庭状况如何。一个人在外打拼，事业尽管很成功，但他一旦走进家门，心情不愉快，你认为他是幸福的吗？曾经有一位大老板，酒喝得一半清醒一半醉，走进自己居住的小区，指着自己家的别墅，嘴里喊着"我的家呀、我的家呀"门卫听到后以为他真的醉酒了，就扶着他说："这不是你的家吗？"可是这位老板说："不、不是，这只是我的房子，不是我的家。"可见这位老板并没有喝醉，他感到这别墅里不是一个温馨的家庭。

我们说家庭影响着人的前途和命运，这是因为一个人的人品受家风的传承；一个人的成长进步，家教是关键；一个人的前途，需要家庭成员的理解和支持。这些家庭因素都直接、间接地影响着家庭成员的前途和命运。事实证明，当今社会出现许多少年犯罪的、事业失败的、官员腐败的、妻离子散的等问题，无一不与家庭有关。

2. 家庭是生命延续的根基

家庭因缘分而结合，人的生命延续是靠家庭这个载体而形成的。这个根基不同于其他任何根基，它是有血缘关系、有遗传基因的根基。家庭中的每个成员都在这个根基上吸吮着养分。这个根基有营养，比较牢固，这棵"大树"就一定繁荣茂盛，就会有一个幸福美满的家庭。

3. 家庭是社会安定团结的基础

我们说家庭是社会的细胞，是因为社会是由千千万万个家庭组成的。家庭和谐了，社会就有了和谐的基础。家庭每个成员都能遵纪守法，家庭发生的矛盾纠纷就少了，整个社会就能保持稳定状态，实现安定团结的局面。

二、我有一个幸福美满的家庭

　　我的少儿时期，家庭生活是艰难的。在那艰难困苦的岁月里，兄弟姐妹四人，吃饭、穿衣、上学等，都需要父母操劳。就说吃饭吧，那时候能吃上一顿白米饭都是很不容易的，经常是代食品（青菜、萝卜、山芋，甚至野菜）为主。尽管生活十分艰难，我的父母对我们兄弟姐妹都十分关心，家庭氛围是温暖的，也算是苦中有乐吧。

　　我的青年时期，家庭生活开始好转。我已经懂得要立志，对家庭要有所担当，但当时身不由己，各种条件局限，我没有能承担起应负的职责，没有扮演好在家庭中的角色。这个时期，我多年在部队服役，当时我与爱人、小孩分居两地，我无法关心照顾她们。我身为长子，没有尽到孝敬父母的责任，父母患病住院期间，我未能在床前侍奉护理，直到他们去世，部队才准假让我回家处理丧事，这是人生的终身遗憾。我对孩子读书上学的关心不够，不像有些父母那样无微不至地关怀照料，因为工作繁忙，基本上没有接送过女儿。我对兄弟姐妹照顾不够，没有能为他们排忧解难。我家庭里的一个重要角色是妻子，理应多陪伴她，可我在职期间，从来没有陪她逛过街，更没有带她外出旅游，饱览祖国的大好河山。多年来，家庭成员们都理解我，我由衷地感谢他们对我工作的全力支持。

　　我的中年时期，已经从部队转业回到地方。家庭成了我的"招待所"，到家就是吃饭、睡觉，有时还要写点材料，处理些白天在单位没有做完的事。很少有时间与家人交流，过问家中事情。

　　我的老年时期，家庭给我带来了莫大的快乐与幸福。我和我爱人相识50年整，婚后一起生活将近40年，我俩不仅有相同的生活习惯，更重要的是有共同的人生理念与人生价值。我们相濡以沫，相亲相爱，彼此尊重，关心体贴。我女儿、女婿事业有成，很孝敬我们。两个外孙女也很懂事，聪明、活泼、可爱、懂礼貌、懂道理。我感悟到，我生活在一个幸福美满的家庭里。

三、造成家庭不幸福的主要原因

中华民族是四大文明古国之一，有着 5000 多年的文明史。中国人对家庭十分看重，中国有句"百善孝为先"的古话，意思是说，孝敬父母是中华民族美德中占第一位的。人们把尊老爱幼，夫妻和睦，男女平等，勤俭持家，邻里团结等家庭的优良传统美德，作为家庭每个成员应当遵守的道德规范。

为构建和谐家庭，调节家庭矛盾，保护家庭成员的合法权益，我国政府已先后颁布了《中华人民共和国妇女权益保护法》《中华人民共和国老年人权益保护法》《中华人民共和国婚姻法》《中华人民共和国民法通则》等法律法规，为促进家庭和谐稳定奠定了坚实基础。

但是，由于众所周知的原因，仍然有不少人道德品质缺失、法律意识淡薄，在家庭生活中扮演了一个让人遗憾的角色，导致了一些人的家庭是不幸福的。其主要原因有以下几个方面。

1. 道德品质缺失，是造成家庭不幸福的根本原因

夫妻之间、父母与子女之间、婆媳之间以及兄弟姊妹之间，要做到和睦相处，最根本的是必须具备良好的道德品质。在家庭生活中，不仅每天都有柴米油盐酱醋茶的生活必须要操劳，更主要的有赡养孝敬老人问题、培养教育子女问题、财产分割问题等，这一系列问题的安排与处理，都需要互相信任、互相尊重、互相关心、互相帮助，如果做不到这些，感情就会疏远，就会产生隔阂，如不及时沟通，将会逐步加深家庭矛盾。久而久之，这个家庭一定不会幸福美满。

2. 家庭成员长期不在一起生活，势必影响家庭感情

当今社会竞争激烈，生活节奏加快。许多人整日为生计而奔波，思考如何赚钱养家，这本来是家庭观念强的表现。但随之带来的是，关心家庭的时间少了。尤其是不少外出打工者，几乎常年累月不在家，不与家人在一起生活，缺乏彼此交流沟通，哪里还谈得上关心照顾老人和孩子？这样的家庭是难言幸福的。

3. 官场上追逐名利、追逐声色犬马的恶习，不免导致家庭观念淡薄

在官场上，有些官员追名逐利，整日想着如何升官发财，甚至贪赃枉法，热衷于权钱交易、权色交易，而导致身败名裂，这样的官员哪有家庭观念，夫妻怎能和睦相处？这样的家庭注定是不会幸福的。

四、怎样才能建立幸福美满的家庭

前苏联著名作家托尔斯泰在他的小说《安娜·卡列尼娜》中写道："所有幸福的家庭都一样，不幸的家庭各有各的不幸。"我国有句俗语，叫作"家家都有一本难念的经"。我从这两句话中感悟到，建立幸福美满的家庭，是我们每个家庭都非常向往的。但是，幸福美满的家庭，应当是怎样的标准呢？有一些专家提出，幸福美满要从家庭文明建设着眼，做到爱国守法、遵德守礼、平等和谐、敬业诚信、家教良好、家风淳朴、绿色节俭、热心公益等 8 个方面。其实，这些都是从大的方面讲的。就大部分家庭而言，可以从以下几个方面努力去做。

1. 夫妻和睦是构建和谐家庭的根本

一个幸福美满的家庭，一般都是有一对无私奉献的夫妻。我爱人是一个贤妻良母，她全力支持我工作，我在部队工作期间，照顾不到父母，她对我父母十分关心，那个年代她每月只有 20 元左右的收入，也要给我父母点零花钱。我没有时间照顾女儿，她给予理解，从生活到学习，对女儿无微不至地关爱。她对双方的亲友都能慷慨相助，遇到有患病住院的，她把饭做好送到病床前。如果家庭生活中发生意见分歧，她通情达理，绝不争高低，尤其是因为我工作中坚持原则得罪了人，她甚至被提前下岗，也没有埋怨我一声。她给我们家庭营造了和谐安详的良好氛围。我深深地感受到，家庭和睦，首要的是靠夫妻俩互相关爱、互相理解、互相包容、互相尊重、互相信任、互相帮助。我这里说的是互相，而不是单方面的，一定要搞清楚是互相，如果总是单相就容易出问题。

2. 良好的家风是构建和谐家庭的基础

应该说，每个家庭都有自己的家风、家教、家训，这些都是建立幸福美满家庭的思想基础。我们颜氏家族祠堂里的对联上有 8 个字："清臣风节，复圣渊源。"我对这副对联的理解是：颜氏家族的后辈不可忘记祖先的高风亮节仁义道德。我在数十年的人生之路上，经常诵读祖先颜之推所著的《颜氏家训》，悉心领会祖先的教诲。其他的书籍，我看完后放到书橱里，一般就不再看了，可《颜氏家训》这本书，我要放在案头不时翻阅。尤其是《颜氏家训》中的教子、兄弟、治家、勉学、省事、养生等卷，我有一种"常学常新"的感觉。

家风是要靠传承的，长辈的一言一行会对孩子的成长产生潜移默化的作用。有人说，有其父必有其子，说的就是父母的言行举止对孩子的影响很大。还有人说，父母是孩子的第一位老师。当然，现代社会与过去有所不同，宣传教育、媒体传播、人际交往等对人的影响很大，搞不好就会把家风的传承相抵消了。但不管怎样，家风对家庭成员的影响是不容置疑的。我做事不喜欢马虎，有锲而不舍的精神，我女儿也像我一样，习惯把该做的事做好才罢休。近年来，单位领导对她的工作很满意，给她晋级加薪。我外孙女也经常把自己喜欢的玩具赠送给小朋友，还把她爸爸为她买的学习用品赠送给同学们共享，这些举动都是在她妈妈潜移默化的影响下形成的，因为我女儿给她的印象就是为人比较慷慨。

有句老话说得好，"喊破嗓子，不如做出样子"。为人父母者，理应做到身体力行，处处为孩子做出好样子，因为父母是孩子的第一位老师，父母的一言一行都会在孩子的大脑里留下深刻的印象。你勤劳，孩子一般不会睡懒觉；你讲卫生，孩子一般不会邋遢；你言谈举止端庄，孩子一般不会不懂礼貌；你艰苦朴素，孩子一般不会铺张浪费；你遵守交通规则，孩子不可能闯红灯。我女儿在很多方面像我和她的妈妈，工作有责任心，上进心强，懂得为人处世，善待朋友。现在，她也是两个孩子的妈妈，我相信，我们的两个外孙女在她的言传身教下，会有好的人品，走好人生之路。

必须指出，家风绝不是孤立的。今天提出"家风是什么"，不仅有益于家庭和谐幸福，也与社会风气好转密切相关。家庭是社会的最小单位，"家风"的好坏能影响到社会的安宁稳定，决定着社会风气的优劣。一段时间以来，社会风气不怎么好，似乎互相帮助少了，尔虞我诈多了；真言善举少了，私心杂念多了；埋头苦干少了，投机钻营多了；宽容忍让少了，戾气猜忌多了；奉公守法少了，违法乱纪多了……尤其是一些领导干部贪污受贿，脱离群众，腐化堕落，严重损害了党和政府的形象，败坏了社会风气，人们对这种世风日下的现状甚为忧虑。在这样的背景下，从培育和倡导良好家风抓起，必然有助于扶正祛邪，凝聚共识，发现真善美，传播正能量，弘扬精气神，促进社会风气的持续好转。试想，如果我们都懂得百善孝为先、仁义礼智信等行为规范，都拥有良好的家风，那整个社会还会失范吗？如果各级领导干部在家里都能敦厚守正、敬畏生命，都努力成为"模范丈夫""孝子贤孙"，他们还会徇私枉法吗？

家风问题，知易行难。我国有着5000年的文明历史。我们的先辈把"修身，齐家，治国，平天下"作为人生目标，历来奉行"堂堂正正做人，清清白白做事"的优良传统。如今的我们，都是多重身份的社会人，在不同场合扮演着不同的角色。在家中，要成为好儿女、好丈夫（妻子）、好父亲（母亲）；在社会上，要成为好公民；在单位里，要当个好职工。显然，做到这些都与良好的"家风"有关。

3. "百善孝为先"是构建和谐家庭的前提

家庭是否和谐，关键要看这个家庭对老人是否孝顺。当今社会，经常看到子女不赡养老人的报道。中华民族的传统美德，在有些人身上已经不复存在。他们根本不懂得孝义始终为人世间永恒不变的情操，人生要感恩的第一是父母，因为父母给了你生命，把你养育长大成人，这养育之恩是永远报答不完的。我们每个家庭成员都要继承上一代孝顺的美德，岁月年轮，生命延续，孝道大伦，代代相传。孝是人间真情，孝是天下第一美德，孝是维系家庭、社会和谐稳定的基本保障。我们的祖先讲孝道有许许多多的感人故事，如"郯子鹿乳奉亲""董永卖身葬父"等。1999 年春晚，一首《常回家看看》的歌曲，把孝顺父母、儿女亲情唱得让人感慨万千。

我对父母有孝道之心，刚到部队发给我的白衬衫只有两件，因为要换洗，没办法节省。等到第二年发了新的白衬衫，我还是穿旧的，把新的节省一件下来，托回家探亲的战友带给父亲，因为那时能穿上一件新的衣服很不容易，父亲高兴得见人就炫耀，说"这是儿子带给我的"，我听说后很开心，因为让父亲开心了，我就安心了。我在部队提干后，母亲唯独的一次到部队来看我，我千方百计让母亲开心，尽量买点母亲喜欢吃的东西，下班后也是尽快赶回宿舍陪母亲说说话。尽管我很想多孝敬父母，但客观上不能实现，俗话说"自古忠孝两难全"，确实如此，因为身不由己，我在部队工作，不是想回家看望父母就可以回家看望的，部队请假有很多规定。当时的通信、交通都很不方便，与现在完全不能比，家中父母生病了不可能马上知道，就是知道了也不可能都能请假回去。父母病重、病危时，部队准假了，在路上还要折腾两天才能到家。

南宋大臣何铸有句名言："动天之德莫大于孝，感物之道莫过于诚。"其原意是：家庭成员之间不需要甜言蜜语，需要的是真诚。可以说，夫妻之间彼此真诚，高度信任，互相尊重，才能和睦相处。儿女之间因为血浓于水，那是没有丝毫的利益关系，完全是无私奉献，再也没有比这更真诚的了。我认为，父母对子女的养育，子女对父母的孝道，都是无条件的，是不图回报的，要说这人世间的真诚，这是唯一的。我的女儿女婿刚到美国时，房子没有买，是租的，要支付租金，外孙女上幼儿园要缴费，交通要有汽车，每天要消耗油费。为控制支出，我们到美国探亲，如果周末在外吃饭，我女儿女婿总是把我们和两个小孩照顾好，一般情况下他们不会点多少吃的，待我们和两个小孩吃好后把剩下来的吃完，这些都充分体现了他们不仅会过日子，更重要的是懂得尊老爱幼。由于受父母的影响，我大外孙女还不满 12 岁，就懂得关心我们，看到我使用的手机时间久了，比较小，她对我说：要换一个新的、大一点的手机，新手机不仅速度快，而且字也比较大，对你的眼睛有好处。我听到这么小的孩子，对我讲出这样关心我的话，真是很感动。

4. 互相包容是构建和谐家庭的保障

一家人要想快乐幸福，就要和睦相处，就要互相包容，就要重视家庭文明建设，形成相亲相爱、向上向善的家庭文明新风尚。

一家人生活在一起，不可能没有不同意见，尤其是为了培养教育好下一代，老人和年轻人的理念、方法是有所不同的，常常会发生分歧，这就需要相互理解包容。家庭不是说理的地方，谁输了、谁赢了，又怎么样？家庭幸福不在高官厚禄，财富多少，而在有一份工作，身体健康，心情愉快，家庭成员才能其乐融融。子女工作忙、压力大，应该得到父母的理解，父母不要埋怨子女没有常来家看望自己；子女条件有限，经济不宽裕，父母不要对子女提过多要求。子女的工作、生活遇到了困难，父母要帮助排忧解难。子女有了自己的孩子，做父母的不要多干预，培养教育孙子辈的责任在子女。子女的小家庭产生了矛盾，父母要多做思想工作，化解矛盾。子女另一方的父母要多尊重，不提任何要求，减轻子女的思想负担，构建和谐的大家庭。子女不能够守在父母身边尽孝道，但子女应该做到经常地问候父母；父母不需要子女给予多少物质方面的享受，但需要子女发自内心精神方面的安慰；父母晚年得不到与子女在一起共享天伦的幸福，但应该得到子女的理解；父母随着年龄的增长会丢三落四，子女应该换位思考多体谅。

5. 扮演好家庭角色是构建和谐家庭的条件

在家庭中，每个成员都扮演着不同的家庭角色。身为父母者，是家庭中的主心骨，在我国，一般都把男士称为家庭的"顶梁柱"，家中上有老，下有小，这"顶梁柱"必须有担当，在家庭中肩负重任。中国古语中有"七不出，八不归"的说法，其实不是什么迷信，逢七不出门，逢八不回家，是指家庭主人没有把柴米油盐酱醋茶等安排妥当不可以外出；按照古人的训导，回家前在外没有做到孝悌忠信礼义廉耻八个字的道德准则不要回家。可见，古人对家庭主要成员就有这样的要求。家庭成员中的另一个重要角色是女主人，有人说，一个女主人关系到三代人，关系到公公婆婆的幸福生活，关系到丈夫的事业能否有成，关系到子女的前途命运。当今家庭成员关系最难相处的莫过于婆媳关系了，这婆媳关系要和谐，当儿媳的如果姿态高一点，相信婆婆也会通情达理的。当然，当婆婆的也应该理解关心儿媳才是。我认为在家庭成员中，每个人都要扮演好自己的角色，尽心尽责，注重自律。一个人在一段时间内是这个角色，再过一段时间后就要扮演另外的角色。男主人既是儿子，又是女婿，当了丈夫，接着就会当爸爸，随着时间的推移，还要当爷爷、外公；女主人既是女儿，又是儿媳，当了妻子，接着就要当妈妈、奶奶、外婆。人生在家庭扮演各种角色的过程中，自己不一定清楚自己表演得如何，要多听取亲人的意见，因为旁观者清。

我感悟到，家庭和睦十分重要，"家和万事兴"的名言是千真万确的。家庭和睦的孩子走上社会后，一般不会违法违纪，因为孩子生活在一个比较好的环境中，家风对孩子起着潜移默化的作用；家庭和睦相处，家庭成员心情愉快，一般会事业有成。俗话说得好，"人心齐，泰山移"，还有句话叫作"和气生财"；家庭和睦对社会进步无疑是做了一份贡献，因为和睦的家庭，一般不需要政府帮助解决难题，对国家、对社会的发展也算做了一份贡献。我们希望并衷心地祝愿千万个家庭和睦，幸福安康！

第四章　我的人生箴言

　　在我们年轻的时候，不少人曾经热衷于竞相摘抄一些伟人（名人）的格言警句，借以学习如何为人处世，当作引领自己走好人生之路的座右铭。如今回想起来，学习领会伟人（名人）的格言警句，着实让人受益匪浅。

　　结合我自己数十年工作、学习、生活的实践，我逐渐归纳整理了一些感受、感想、感慨，并将其称作"人生箴言"。我把这些经过思考的"人生箴言"提炼出来，既是为自己能进一步走好人生之路做些总结，净化心灵，激励意志，自强不息，永葆青春；同时也想把这些"人生箴言"奉献给年轻一代，给他们一些有益的参考，规谏劝诫刚走上社会不久的孩子们谦虚谨慎，戒骄戒躁，认真踏实地走好人生的每一步。这些所谓的"人生箴言"相当普通，有的也未必十分成熟，自然与伟人（名人）的格言警句不可同日而语，但毕竟是我一个过来人的经验之谈，唯愿与大家商榷探讨，互勉共进！

一、铭记"十个来源于"

1. 成功的事业来源于思维。

2. 和睦的家庭来源于包容。

3. 成才的子女来源于德育。

4. 恩爱的夫妻来源于信任。

5. 良好的人脉来源于真诚。

6. 赞美的口碑来源于自律。

7. 良好的信誉来源于诚信。

8. 睿智的头脑来源于学习。

9. 健康的体魄来源于锻炼。

10. 快乐的生活来源于知足。

二、人生"十越"

1. 越委屈，肚量越大。

2. 越谨慎，风险越小。

3. 越知足，快乐越多。

4. 越淡定，烦恼越远。

5. 越坦诚，朋友越真。

6. 越善良，人脉越好。

7. 越自律，威信越高。

8. 越倾听，思路越清。

9. 越刻苦，知识越广。

10. 越包容，天地越宽。

三、人生"十看重"

1. 看重生存价值，树立正确价值取向。
2. 看重家庭幸福，倍加珍惜那份亲情。
3. 看重子女成才，从小抓好培养教育。
4. 看重事业有成，秉持自强不息精神。
5. 看重知识积累，终身学习持之以恒。
6. 看重良好人脉，以心换心坦诚相见。
7. 看重思路清晰，提升自身综合素质。
8. 看重自身尊严，坚守做人基本底线。
9. 看重快乐生活，笑看人生利益得失。
10. 看重有点积蓄，积极应对不时之需。

四、从政"十靠"

1. 靠思想品德。
2. 靠勤奋学习。
3. 靠工作能力。
4. 靠清正廉洁。
5. 靠求真务实。
6. 靠开拓创新。
7. 靠正确领导。
8. 靠广大群众。
9. 靠家人支持。
10. 靠主动反省。

五、人生须"十自"

1. 自立。

2. 自信。

3. 自强。

4. 自警。

5. 自律。

6. 自理。

7. 自控。

8. 自省。

9. 自责。

10. 自尊。

六、做"十个懂得"的人

1. 聪明的人懂得说。

2. 智慧的人懂得听。

3. 精明的人懂得思。

4. 高明的人懂得问。

5. 睿智的人懂得爱。

6. 知足的人懂得乐。

7. 感恩的人懂得报。

8. 淡定的人懂得放。

9. 成熟的人懂得信。

10. 长寿的人懂得吃。

七、人生要培养"十种心态"

1. 要有奉献的心态。

2. 要有知足的心态。

3. 要有给予的心态。

4. 要有谦虚的心态。

5. 要有自信的心态。

6. 要有感恩的心态。

7. 要有信任的心态。

8. 要有平常的心态。

9. 要有放下的心态。

10. 要有成就的心态。

八、人生"十不能"

1. 身体是自己的，不能透支。

2. 欲望是正常的，不能膨胀。

3. 钱财是需要的，不能贪婪。

4. 权力是人民的，不能私用。

5. 学识是无穷的，不能自满。

6. 人格是可贵的，不能低贱。

7. 朋友是难得的，不能背弃。

8. 时间是宝贵的，不能浪费。

9. 信誉是塑造的，不能丧失。

10. 生命是有限的，不能虚度。

九、人生"十靠"

1. 知识靠积累。

2. 竞争靠实力。

3. 命运靠自己。

4. 口碑靠真诚。

5. 逆境靠毅力。

6. 困境靠挚友。

7. 顺境靠谨慎。

8. 创业靠拼搏。

9. 财富靠勤奋。

10. 幸福靠创造。

十、人生"十境界"

1. 钱财是身外之物。

2. 包容是人生美德。

3. 知足是快乐源泉。

4. 舍弃是明智之策。

5. 感恩是做人必需。

6. 简单是长寿秘诀。

7. 诚实是立足之本。

8. 谦让是处世基础。

9. 学习是进步阶梯。

10. 理解是友谊之桥。

十一、人性"十大弱点"

1. 故步自封。

2. 争功诿过。

3. 骄傲自满。

4. 好逸恶劳。

5. 贪得无厌。

6. 强词夺理。

7. 耽于享乐。

8. 盲目攀比。

9. 爱慕虚荣。

10. 嫉妒他人。

十二、人生"十难"

1. 良好习惯养成难。

2. 性格脾气改变难。

3. 批评意见接受难。

4. 情绪变化管理难。

5. 面对诱惑抵挡难。

6. 人际关系处理难。

7. 忠义孝道两全难。

8. 得寸进尺满足难。

9. 事业开拓过程难。

10. 战胜自己把握难。

十三、人生"十个拿得起、放得下"

1. 拿得起责任，放得下压力。
2. 拿得起自信，放得下挫折。
3. 拿得起豁达，放得下自卑。
4. 拿得起激情，放得下消极。
5. 拿得起喜悦，放得下烦恼。
6. 拿得起热诚，放得下冷漠。
7. 拿得起包容，放得下计较。
8. 拿得起简单，放得下复杂。
9. 拿得起谦逊，放得下名利。
10. 拿得起幸福，放得下欲望。

十四、为人处世"十要十不要"

1. 要独立思考，不要固执己见。
2. 要维护自尊，不要锋芒毕露。
3. 要直言不讳，不要信口开河。
4. 要尊重领导，不要阿谀奉承。
5. 要谨言慎行，不要窝囊怕事。
6. 要讲究策略，不要见风使舵。
7. 要崇尚务实，不要唯利是图。
8. 要与人为善，不要与世无争。
9. 要忍辱负重，不要猥琐自惭。
10. 要把握分寸，不要委曲求全。

ニニニニニニニニニ

人生感悟

十五、人生"十贵"

1. 人生不在年龄，贵在心理年轻。
2. 财富不在多少，贵在取之有道。
3. 官位不在高低，贵在为民做事。
4. 健康不在刻意，贵在淡定养心。
5. 锻炼不在形式，贵在持之以恒。
6. 睡眠不在长短，贵在沉睡质量。
7. 情趣不在雅俗，贵在乐观积极。
8. 家庭不在贫富，贵在和睦温馨。
9. 生活不在显达，贵在舒心快乐。
10. 朋友不在远近，贵在知己真诚。

十六、人生"十个难能可贵"

1. 富而思源难能可贵。
2. 委曲求全难能可贵。
3. 接受批评难能可贵。
4. 自知之明难能可贵。
5. 善忘豁达难能可贵。
6. 穷不失志难能可贵。
7. 与人为善难能可贵。
8. 严以律己难能可贵。
9. 难得糊涂难能可贵。
10. 淡泊名利难能可贵。

222

十七、做人"十个更重要"

1. 正直比聪明更重要。

2. 善良比能力更重要。

3. 勤奋比水平更重要。

4. 人品比学历更重要。

5. 智慧比技术更重要。

6. 谦虚比实力更重要。

7. 任怨比任劳更重要。

8. 目标比指标更重要。

9. 感情比钱财更重要。

10. 做人比做事更重要。

十八、人生"十心"

1. 人要战胜的是心理。

2. 人要理清的是心思。

3. 人要放松的是心情。

4. 人要调整的是心态。

5. 人要提升的是心境。

6. 人要净化的是心灵。

7. 人要修炼的是心胸。

8. 人要付出的是心血。

9. 人要摆正的是心术。

10. 人要实现的是心愿。

十九、人性素质"十多十少"

1. 多一点包容，少一点计较。

2. 多一点理解，少一点误解。

3. 多一点信任，少一点猜疑。

4. 多一点奉献，少一点索取。

5. 多一点鼓励，少一点指责。

6. 多一点热情，少一点冷淡。

7. 多一点自省，少一点犯错。

8. 多一点善心，少一点恶念。

9. 多一点勤奋，少一点懒惰。

10. 多一点孝道，少一点遗憾。

二十、人生"十个不能等"

1. 贫穷落后不能等。

2. 实现梦想不能等。

3. 孝敬父母不能等。

4. 身患疾病不能等。

5. 发现机遇不能等。

6. 积德行善不能等。

7. 健康运动不能等。

8. 安全隐患不能等。

9. 救死扶伤不能等。

10. 知恩图报不能等。

二十一、人生做到"十多十少"

1. 多一份快乐，少一份悲伤。

2. 多一份舒畅，少一份郁闷。

3. 多一份洒脱，少一份拘谨。

4. 多一份关爱，少一份冷漠。

5. 多一份善意，少一份恶意。

6. 多一份包容，少一份计较。

7. 多一份赞美，少一份诋毁。

8. 多一份果断，少一份犹豫。

9. 多一份坚强，少一份懦弱。

10. 多一份正直，少一份虚伪。

二十二、做人"十做十不做"

1. 做知足的人，不做欲望贪婪的人。

2. 做乐观的人，不做悲观丧气的人。

3. 做务实的人，不做行事极端的人。

4. 做善良的人，不做心怀恶念的人。

5. 做自强的人，不做妄自菲薄的人。

6. 做放松的人，不做自寻烦恼的人。

7. 做简单的人，不做想法太多的人。

8. 做率真的人，不做口是心非的人。

9. 做宽容的人，不做斤斤计较的人。

10. 做睿智的人，不做糊涂盲从的人。

二十三、人生"十要十就要"

1. 要幸福，就要能知足。

2. 要和谐，就要懂得爱。

3. 要事业，就要有闯劲。

4. 要持家，就要学理财。

5. 要学问，就要多读书。

6. 要健康，就要勤锻炼。

7. 要口碑，就要严律己。

8. 要积德，就要常行善。

9. 要朋友，就要讲真诚。

10. 要长寿，就要会养生。

二十四、人生"十个最"

1. 人生最重要的是好的人品。

2. 人生最关键的是把握机遇。

3. 人生最困难的是战胜自己。

4. 人生最需要的是睿智头脑。

5. 人生最愚蠢的是自以为是。

6. 人生最宝贵的是青春年华。

7. 人生最难得的是知心朋友。

8. 人生最难防的是人心叵测。

9. 人生最遗憾的是欲孝无亲。

10. 人生最珍贵的是亲情友情。

二十五、人生须具备"十力"

1. 政治的敏锐力。

2. 事物的鉴别力。

3. 情绪的自控力。

4. 身体的免疫力。

5. 思维的想象力。

6. 为人的亲和力。

7. 言行的感染力。

8. 才华的硬实力。

9. 坚强的意志力。

10. 果断的处事力。

二十六、做人须守住"十个底线"

1. 可以忍受贫穷，但不能背叛人格。

2. 可以追求财富，但不能挥霍无度。

3. 可以发表意见，但不能搬弄是非。

4. 可以无所作为，但不能为非作歹。

5. 可以有些失误，但不能低级错误。

6. 可以不做君子，但不能去做小人。

7. 可以容忍邋遢，但不能容忍颓废。

8. 可以没有学位，但不能没有品位。

9. 可以潇洒风流，但不能庸俗下流。

10. 可以不说感谢，但不能不懂感恩。

二十七、人生应把握的"十个度"

1. 胸怀要大度。

2. 说话要适度。

3. 工作有力度。

4. 事业有高度。

5. 寿命有长度。

6. 读书有厚度。

7. 理论有深度。

8. 视野有宽度。

9. 办事有速度。

10. 劳累勿过度。

二十八、"十种人"的理想结局

1. 有自信心的人，会获得成功。

2. 与人为善的人，会口碑相传。

3. 忠诚老实的人，会有人相助。

4. 才智卓群的人，会超凡脱俗。

5. 懂得取舍的人，会成就人生。

6. 寻求良师的人，会受益无穷。

7. 知恩图报的人，会心境温润。

8. 受过打击的人，会沉着坚定。

9. 做人低调的人，会受人尊敬。

10. 欣赏别人的人，会提升自己。

二十九、"十种人"的不良结局

1. 没有准备的人，会丧失机遇。

2. 心胸狭窄的人，会引发烦恼。

3. 处世圆滑的人，会让人厌恶。

4. 爱财如命的人，会毁于贪婪。

5. 自欺欺人的人，会被人唾弃。

6. 得意忘形的人，会后果难堪。

7. 口无遮拦的人，会招惹是非。

8. 欲望过高的人，会经常失望。

9. 自以为是的人，会弄巧成拙。

10. 嫉妒心重的人，会孤独无援。

三十、人生"十好"

1. 钱多钱少，够花就好。

2. 人美人丑，顺眼就好。

3. 体胖体瘦，健康就好。

4. 家富家贫，和睦就好。

5. 谁对谁错，理解就好。

6. 吃好吃差，有味就好。

7. 房大房小，舒适就好。

8. 位高位低，尽责就好。

9. 寿长寿短，快乐就好。

10. 子多子少，孝敬就好。

三十一、人生哲理"十没有、十就"

1. 没有理想，就看不到美好的未来。

2. 没有付出，就收获不了丰硕果实。

3. 没有创新，就有可能被淘汰出局。

4. 没有实力，就无法捍卫自己尊严。

5. 没有良心，就等于人的灵魂出窍。

6. 没有淡定，就没有从容自在幸福。

7. 没有失败，就难以感受成功喜悦。

8. 没有黑暗，就不会看到满天繁星。

9. 没有信仰，就如同失去指路明灯。

10. 没有珍惜，就不懂幸福来之不易。

三十二、人生"十可十不可"

1. 人可以缺钱，但不可以缺德。

2. 人可以无才，但不可以无知。

3. 人可以失言，但不可以失信。

4. 人可以放松，但不可以放纵。

5. 人可以虚荣，但不可以虚伪。

6. 人可以平凡，但不可以平庸。

7. 人可以浪漫，但不可以浪荡。

8. 人可以少话，但不可以少理。

9. 人可以低头，但不可以低贱。

10. 人可以犯错，但不可以犯罪。

三十三、做人"十个放下"

1. 放下架子，你会高朋满座。

2. 放下面子，你会挥洒自如。

3. 放下消极，你会海阔天空。

4. 放下狭隘，你会虚怀若谷。

5. 放下怀疑，你会真情长久。

6. 放下抱怨，你会心生欢喜。

7. 放下怒火，你会笑口常开。

8. 放下懒惰，你会改变命运。

9. 放下贪欲，你会知足常乐。

10. 放下过去，你会拥有未来。

三十四、新官上任"十忌"

1. 切忌得意忘形。

2. 切忌一手遮天。

3. 切忌封官许愿。

4. 切忌一意孤行。

5. 切忌自吹自擂。

6. 切忌夸夸其谈。

7. 切忌拉帮结伙。

8. 切忌生活特殊。

9. 切忌头脑发热。

10. 切忌急于求成。

三十五、人生"十如"

1. 人生如梦，梦如人生。昼有所想，夜有所梦。收获喜悦，坎坷挫折。回首往事，好似梦境。

2. 人生如镜，镜如人生。人皆拥有，值得珍惜。表象可鉴，内涵难觅。你笑他笑，你哭他哭。

3. 人生如牌，牌如人生。摸牌出牌，选择决策。牌局各异，人生难同。输赢难定，人生莫测。

4. 人生如戏，戏如人生。主角配角，演技各异。戏剧情节，人生经历。开幕闭幕，起步止步。

5. 人生如茶，茶如人生。初品识面，深品铭心。男人似茶，女人如水。茶水般配，美好人生。

6. 人生如酒，酒如人生，人似酿酒，酒品如人。酸甜苦辣，喜怒哀乐。对酒当歌，人生几何。

7. 人生如棋，棋如人生。车马炮将，人生角色。一招不慎，满盘皆输。棋子渐少，人生短暂。

8. 人生如云，云如人生。飘浮不定，身不由己。聚合分离，短暂停留。来去匆匆，无影无踪。

9. 人生如歌，歌如人生。曲折幽深，道路艰辛。美妙旋律，功成名就。低调高调，做人做事。

10. 人生如渡，渡如人生。定好航向，目标前程。此岸彼岸，执念求索。生命是水，为渡航行。

结束语

在我的《人生感悟》即将完稿时，我想用几句话来概括我写作全书的感想。

人生理念有梦想，选择道路定方向；
为人处世皆学问，知识积累添智商。

青春年华当励志，厚德做人再做事；
岁月如歌应闪光，家庭事业两不忘。

清廉从政要牢记，军旅官场都一样；
问心无愧忠于党，任凭他人来评判。

社会生活多精彩，人际交往讲真诚；
知足常乐就健康，肺腑箴言供分享。

后 记

　　经过近三年的努力，我的杂感随笔集《人生感悟》一书正式由中国文联出版社印行了。这是本人继 2013 年出版《岁月回眸》之后的又一次写作尝试。此时此刻，我的心潮起伏，难以平静，兴奋，惬意，也有点惶惑。

　　关于写作《人生感悟》的缘起，我在自序中已做了简要表述。我的《人生感悟》与《岁月回眸》相比，在框架、篇章、内容、图片安排上各有侧重，但都力求真实、客观、原创、思辨。《人生感悟》中的"人生箴言"部分，比之《岁月回眸》在容量上有了较多的扩展和充实。

　　我深感，写作是一项较高平台上的脑力劳动，是对写作者政治思想水平、逻辑思维方式、语言表达能力的综合检验。撰写此书的过程，让我又一次回到了过去的峥嵘岁月，让我又一次领悟了人生历程的艰辛，让我的心灵得到了又一次的自我净化。正如当代著名作家冯骥才先生所说："读书是欣赏别人，写书是挖掘自己；读书是接受别人的沐浴，写作是一种自我净化。"

　　我在部队时的老首长潘瑞吉将军，对我撰写《人生感悟》十分关心，给予了很多鼓励和指导，并且在百忙之中亲笔为我这本书作序，还专门挥毫题写了书名。这是我的荣幸，在此谨向老首长表示衷心的感谢！

　　我的战友张永林，在我写作《人生感悟》中曾给予了诸多帮助。我的初稿完成后，他抓紧为本书做了一定程度的润色，并撰写了读后感《乐在传播正能量》。这些都让我深受感动。

　　与我有半个世纪情缘的好友刘长虹，为我的《人生感悟》撰写了《活出人生精彩》的书评，给予了积极评价。我将不负厚望，继续努力，为传播正能量、树立社会新风尚尽一份绵薄之力。

　　我在撰写《人生感悟》的过程中，得到了许多好友及家人的关心、帮助和支持，激励着我坚定信心，不言放弃，知难而进，使《人生感悟》终于如愿得以成书。在此，我要真诚地对各位说一声"谢谢"！借此机会，我还要向多年来在各方面给予我关心、帮助和支持的各级领导、同事、部属、亲朋好友表示由衷的感谢！

　　本人出身行伍，看书学习有限，尽管对文字写作情有独钟，乐此不疲，但终究只能算个"新兵"，因而《人生感悟》在章节设置、观点表达和遣词造句等方面肯定有许多不足，难免存在这样那样的谬误。我真诚地祈盼各位读者朋友谅解并给予教正。

作 者

2016 年 12 月 8 日于江苏南通海安